带你走进奇趣的

动物世界

>> 主编◎王子安 <<

汕頭大學出版社

图书在版编目（ＣＩＰ）数据

带你走进奇趣的动物世界 / 王子安主编. -- 汕头：
汕头大学出版社，2012.4（2024.1重印）
ISBN 978-7-5658-0677-3

Ⅰ．①带… Ⅱ．①王… Ⅲ．①动物－普及读物 Ⅳ．
①Q95-49

中国版本图书馆CIP数据核字(2012)第057941号

带你走进奇趣的动物世界　　　DAINI ZOUJIN QIQU DE DONGWU SHIJIE

主　　编：王子安
责任编辑：胡开祥
责任技编：黄东生
封面设计：君阅书装
出版发行：汕头大学出版社
　　　　　广东省汕头市汕头大学内　邮编：515063
电　　话：0754-82904613
印　　刷：唐山楠萍印务有限公司
开　　本：710mm×1000mm　1/16
印　　张：12
字　　数：70千字
版　　次：2012年4月第1版
印　　次：2024年1月第2次印刷
定　　价：55.00元
ISBN 978-7-5658-0677-3

前　言

　　青少年是我们国家未来的栋梁，是实现中华民族伟大复兴的主力军。一直以来，党和国家的领导人对青少年的健康成长教育都非常关心。对于青少年来说，他们正处于博学求知的黄金时期。除了认真学习课本上的知识外，他们还应该广泛吸收课外的知识。青少年所具备的科学素质和他们对待科学的态度，对国家的未来将会产生深远的影响。因此，对青少年开展必要的科学普及教育是极为必要的。这不仅可以丰富他们的学习生活、增加他们的想象力和逆向思维能力，而且可以开阔他们的眼界、提高他们的知识面和创新精神。

　　《带你走进奇趣的动物世界》一书介绍了自然界中生机勃勃、千奇百态的动物王国。在这个王国中，有珊瑚、三叶虫、恐龙、始祖鸟猛犸象等原始动物，有大熊猫、东北虎、亚洲象等珍贵动物，还有鱼、鸟、蛇、蚂蚁等奇趣动物，他们互不相同却又息息相关，共同构成了奇妙的动物世界。

本书属于"科普·教育"类读物，文字语言通俗易懂，给予读者一般性的、基础性的科学知识，其读者对象是具有一定文化知识程度与教育水平的青少年。书中采用了文学性、趣味性、科普性、艺术性、文化性相结合的语言文字与内容编排，是文化性与科学性、自然性与人文性相融合的科普读物。

此外，本书为了迎合广大青少年读者的阅读兴趣，还配有相应的图文解说与介绍，再加上简约、独具一格的版式设计，以及多元素色彩的内容编排，使本书的内容更加生动化、更有吸引力，使本来生趣盎然的知识内容变得更加新鲜亮丽，从而提高了读者在阅读时的感官效果。

尽管本书在编写过程中力求精益求精，但是由于编者水平与时间的有限、仓促，使得本书难免会存在一些不足之处，敬请广大青少年读者予以见谅，并给予批评。希望本书能够成为广大青少年读者成长的良师益友，并使青少年读者的思想能够得到一定程度上的升华。

2012年3月

目录 contents

第三章

畅谈奇趣的动物

第四章　走进动物的情感世界

第一章

了解原始的动物

在整个动物发展历史上，原生动物可以说是最原始、最古老的动物。据一般估计，它们大约在距今12亿年前出现，但是真正让人信服的化石材料则被发现于距今9亿年前的地层中。根据现代生物学的研究证明，最原始的低等动物是单细胞原生动物。它们的身体构造极为简单，通常是由一个细胞组成。虽然只有一个细胞，但它们

却也具备同多细胞动物一样的呼吸、排泄、运动、感应和生殖等生命基本特征。原始动物的分布非常广泛，而且种类繁多，约有3万多个品种。甚至有些种类还可以分泌出极为复杂的石灰质外壳，比如有孔虫、放射虫等。因此，在几亿年前的地层中可以发现这类动物的化石。

原始动物种类繁多，有耀眼夺目的珊瑚、神秘莫测的恐龙、用四肢行走的始祖鸟、"会下蛋"的鸭嘴兽、还有神秘灭绝的猛犸象，这些原始动物，一方面让人赞叹、唏嘘不已，一方面又让人无限神往。在这一章里，我们就来一起走进神秘的动物世界，共同去了解一些具有代表性的原始动物。

珊 瑚

珊瑚也叫牛血，英文名称为Coral，主要由海中一种被称为珊瑚虫的腔肠动物所分泌的石灰质壳堆积而成。珊瑚的形状很像树枝，上面有纵条纹，化学成分主要是碳酸钙，以微晶方解石集合体形式存在，成分中还有一定数量的

有机质。珊瑚生长在温度高于20℃的赤道及其附近的热带、亚热带地区，水深100～200米的平静而清澈的岩礁、平台、斜坡和崖面、凹缝中。主要产地有地中海沿岸地带和日本到台湾一线。珊瑚性脆易断裂，硬度跟青金石颇为相似，有红、粉红、白、黑等色，其中，红色的珊瑚是上

3

品，古时侯被称为"火树"。珊瑚的身体由2个胚层组成：位于外面的细胞层称外胚层；里面的细胞层称内胚层。内外两胚层之间有很薄的、没有细胞结构的中胶层。这类

动物没有头与躯干之分，没有神经中枢，只有弥散神经系统。

所有的珊瑚都属于腔肠动物门珊瑚纲，包括现代的海葵、石珊瑚、红珊瑚和已灭绝的四射珊瑚、横板珊瑚等，全部是海生（即在海水中长大）。在珊瑚化

石中，四射珊瑚是最重要的化石，由于它在地球上存在的时间短，内部结构变化比较快并且呈阶段性，因此古生物学家用它作为古生代地层中的标准化石。四射珊瑚从产生到灭绝，骨骼发育很有规律，专家们主要是从它的内骨骼演化来划分其时代。

珊瑚虫分泌钙质除了形成外壁，还要形成内壁，内壁自下而上，从边缘往中心生长，专家们称它为隔壁，意思是它把体腔隔开了。早期的珊瑚壁比较单一，只有一种，称为单带型，

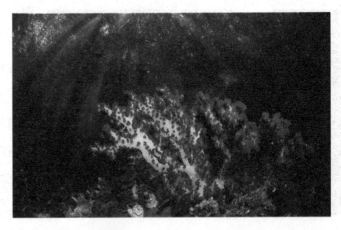

生活的时代为奥陶纪和志留纪；以后在隔壁之间又长出骨钙叫鳞板，这时的珊瑚化石就称双带型，出现在志留纪和泥盆纪；到了石炭纪和二迭纪时，内骨骼在体腔的中心部分彼此连接、膨大形成了一根从下到上的柱子（学名叫中轴或中柱），这时它就变成了三带型。对于专家们来说，四射珊瑚在确定古生代各个纪的时间上起着重要的作用，研究它的专著也非常的多。

现代的珊瑚虫，大多生活在热带的海洋里，过独生或群体固着的生活。单体的珊瑚（如常见的海葵），呈圆柱体状，一端固着于他

物，另一端环绕中央的口孔，长有很多触手。珊瑚体的外层细胞能分泌出石灰质（碳酸钙）骨骼，分泌

的快慢与太阳光强弱有关，白天分泌得多，夜晚分泌得少，甚至不分泌。同样，季节的变化也影响着这种分泌的速度。这样，生活着的珊瑚虫，在昼夜交替、四季循环的漫长历史中，就在自己的体壁上留下了一道道粗细不同的生长环纹。有人对此曾经做过细致的研究：从一个最粗的（或最细的）环纹到相邻的另一个最粗的（或最细的）环纹之间，即相当于植物的一个年轮，

有 365 条环纹，这个数目正好和一年的天数不谋而合。而在珊瑚繁衍最旺盛的泥盆纪时期，专家们经过不断的研究发现，这个地质年代中的某些珊瑚化石表面上也布满环状细纹，粗细递增递减，交替出现，只是相邻两个最粗（或最细）的环纹之间的环纹数，不是365 条，而是约为400条。

珊瑚的外形很像树枝，而且颜色鲜艳美丽，因此有些人把珊瑚做成装饰品。大块的上等珊瑚石料可以雕刻成各式各样的珍贵珠宝艺术品，小块的珊瑚石料则可以制成戒指、耳环、坠子、项链等小物件。在古罗马人的眼里，珊瑚与佛

教的关系密切；而在印度和中国西藏的佛教徒的眼里，红色珊瑚则被

看作是如来佛的化身。他们用珊瑚做佛珠或者装饰神像，视其为祭佛的吉祥物，是极受珍视的宝石首饰品种。除此之外，珊瑚还有很高的药用和医用价值。尤其是红珊瑚，更被认为是一种具有独特功效的药宝，有养颜保健，活血、明目、驱热、镇惊痫，排汗利尿等诸多医疗功效。在国外，最新研究还发现，珊瑚可用来接骨，入药还可以治动脉硬化、溃疡、高血压、冠心病以及性病。

动物小百科

关于红珊瑚的典故传说

红珊瑚在颜色上有着由浓到淡的明显差异，因此在不同时间、不同的国家和地区，流行的颜色也各不相同。欧洲人喜爱玫瑰色，阿拉伯人则长期钟情于鲜红色。在美国，一开始把暗红珊瑚作为最理想的品种，但不久以后，淡色色调却后来居上。而在中国，玉匠们经过千百年的观察和实践，将种种颜色和质地不同的红珊瑚化之为红"蜡烛红""关公脸"等等，并依此口耳相传。这些名称给每一位红珊瑚爱好者都留下了深刻的印象，并且极富民俗色彩。

红珊瑚不仅颜色鲜美，而且在佛典中还被尊奉为"七宝"之一，具有避邪和尊贵的特性。在清朝，只有一二品官员才能享用红珊瑚朝珠，其他官员按职别高低，分别头戴等级不同的珊瑚帽顶，因此珊瑚的身价倍增。除中原外，红珊瑚还曾畅销远至西藏。据历史记载，当年西藏王爷头上戴的顶珠，就是最好的珊瑚。

三叶虫

三叶虫生活在古生代的海洋中，其外形颇似现代的虾和蝉，属节肢动物门，于2亿多年前灭绝。这种动物从纵向看可分头、胸、尾三段，从横向看又可分左、中、右三份（中间是轴部，两边为侧叶），因此生物学家们称呼它们为"三叶虫"。三叶虫背上有背甲，其成份为碳酸钙和磷酸钙，质地坚硬，被称为是地史时期中最早大量形成化石的动物门类。

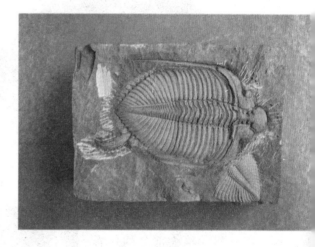

三叶虫一般身长3～10厘米，最小的不足6毫米，最大的甚至有75厘米。在我国湖南省永顺县，就曾经发现过长27厘米、宽18厘米的三叶虫，学名叫"铲头虫"。三叶虫为雄雌异体，卵生，个体发育中要经过周期性的多次蜕壳，在不同阶段脱落的壳体可以作为研究其个体发育的基本素材，对了解三叶虫一些器官的发育和成长、探索三叶虫的演化、解决三叶虫的

分类问题都具有极其重要的意义。

三叶虫纲下分7个目，绝大部分的种属在世界的海相沉积岩（石灰岩）中都有发现，经过各国专家细致的研究，得出了几点共同的认识：

（1）从三叶虫的体形判断，它适合爬行，是在海底生活的动物，它们以腔肠、海绵、原生动物、腕足等动物的尸体或者海藻及其他细小的植物为食；

（2）三叶虫经常与腕足动物、海百合、珊瑚、头足动物等共生，因此在发现它的化石的同时，也同样发现了上述几种动物的化石；

（3）在三叶虫进化的后期，由于海中出现了大量如鹦鹉螺、原始鱼类等肉食动物，直接威胁了它的生存，于是它增大了尾甲，提高了游泳速度，同时把头尾嵌合在一起，使整个身体卷曲成球形，以保护柔软的腹部，并且可以在敌人进攻时迅速跌落或潜伏海底。

事实上，在古生代的第一个纪——寒武纪早期，三叶虫的7个

目就已经发现了 4 个，而且种类也很丰富，因此古生物学家们认为三叶虫的远祖早在寒武纪前就已存在，并在前寒武纪后期分化出了许多支系，但是由于它们没有坚固的硬壳因此没有保存下来化石。寒武纪是三叶虫发展的一个繁盛期，到奥陶纪时，古老的种类灭绝了，新的种类兴起并成为第二个三叶虫繁盛期，而从志留纪到二迭纪这一期间，肉食性动物迅速繁盛起来，因此三叶虫急剧衰退并最终灭绝。

三叶虫存在时间短，分布海域广，个体数量大，演化种类多，各属、目之间界线划分十分清楚并随年代依次出现，因此成为了寒武纪时期全球性可对比的标准化石。我国是世界上产三叶虫最丰富的国家之一，研究时间早、程度深，仅寒武纪就划分出 29 个三叶虫生长带，为亚洲提供了标准地层剖面，并为世界性的生物地理区划分提供了重要的依据。

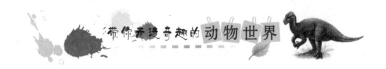
恐 龙

◎ 禽 龙

在恐龙化石中，最早被人们发

现的是禽龙。禽龙生活在距今约一亿4000万年前到1亿2000万年前，它身躯高大、体形笨重、尾部粗而巨大，体长一般在10米左右，体重十几吨。它的前肢较短，但坚实有力，有5个指头，末端无爪呈"人手状"。最特别的是，禽

龙的大拇指有时候会变大而成为一副尖利的"钉子"般的装备，这是它们的自卫武器。可以想象，当它遇到危险的时候，就会用这种大而尖硬的"钉耙"去刺伤敌手。禽龙是形形色色的鸟脚龙类中的一员，因为它们常用两脚行走，而它们两腿直立的姿势和它们脚的三

趾构造与现代的鸟禽颇为相似，因此人们称它为"禽龙"。禽龙的后

肢很长且粗壮有力，脚趾分节宽而浑厚。大部分时间禽龙都靠后肢行走，但有时在茂密的丛林、湿热的沼泽或宁静的湖畔寻食、饮水、漫游时，它们也会用四足缓慢行走，在遇到敌手逃命的时候它们会用到两只后脚，因为这样逃跑的速度更快。

而它的"自卫武器"也仅是在自己迫不得已、无路可逃的时候才会使用。

前面说到，禽龙是由原始的鸟脚龙类进化而来，而且禽龙在体形上与弯龙极为相似，所以人们又称禽龙是"放大了的弯龙"。禽龙的头骨长而低平，鼻孔部位呈宽扁的喙状，并有一层角质覆盖，加上它们长在牙床上到一定时期自行替换的单排牙齿，就像一台食物磨碎机，把吃进口中的树叶、枝条磨碎咽下。鸟脚龙类的恐龙都是素食者，即以植物为食。禽龙生活的时代，气候炎热，森林繁茂，湖泊、沼泽星罗棋布，由此促进了它们向大型化发展。尽管它前肢上有"尖

硬的钉子"，但比起甲龙（身披铠甲）、三角龙（头上长有三只伸向前方的角）、剑龙（尾巴长刺）来，它们的"自卫武器"太弱了。

因此还未到白垩纪的末期，它们就被霸王龙给灭绝了。

大家有可能不知道，发现禽龙的人其实并不是一位专业人员，而是一位名叫曼特尔的英国普通乡村医生，他的业余爱好是采集化石。1822年，曼特尔夫妇发现了一种不寻常的牙齿和骨骼化石，他们把标本寄给法国古生物学家居维叶。居维叶认为它们发现的牙齿是大型哺乳动物的，可能属于灭绝了的犀牛一类；而骨骼则可能是一种河马化石，因而断定化石生存的年代不会太古老。对于居维叶的鉴定，曼特尔有所怀疑，于是他又把标本邮给英国古生物学家巴克兰，巴克兰听说居维叶已看过了，便不加思索地同意了居维叶的鉴定。但是小人物曼特尔并没有因此相信居维叶所作的鉴定，在无法得到专家帮助的情况下，他决心自己动手研究。首先他访问了许多有鉴定化石经验的人，并刻苦地查阅文献，对照了许多标本，经过三年多的学习和实践，终于从大量可靠的资料中得出结论，认为这不是任何哺乳动物的化石，而是一种年代久远、早已灭绝了的爬行动物的化石，由于这种化石过去从未发现过，于是他给这种化石起了个名字叫"禽龙"。后来，禽龙化石在英国、比利时等地大量发现，证实了曼特尔的正确鉴定。

我国是世界上恐龙化石种类最

多的国家之一，禽龙化石也有发现，但是有些曲折。1929 年，古生物学家杨钟健在陕西神木县首次发现了禽龙的脚印化石，它印在岩石上的趾痕清晰，栩栩如生，是研究禽龙脚趾构造和形态的生动记录，是大自然为禽龙活动拍摄下来的特写镜头。当时专家们就预言：中国的地下埋有禽龙的化石。到了1937年，专家们终于在内蒙古乌蒙地区发现了白垩纪时期的禽龙化石，为专业工作者了解和研究禽龙的形态增添了新的资料。禽龙是最早发现的恐龙之一，禽龙的发现为探索爬行动物的进化揭开了新的一页。

◎ 鸭嘴龙

鸭嘴龙是恐龙家族中的晚辈，出没于距今一亿年前的白垩纪晚期。在爬行动物中，鸭嘴龙属于双

孔亚纲、初龙次亚纲鸟臀目、鸟脚亚目的动物，它的嘴既扁平又长，像鸭嘴一样，故得此名。从出土的化石可以发现，鸭嘴龙前肢有四趾，后肢有三趾，它的后腿粗大且尾巴很长，共同构成三角架的姿势支撑着全身的重量；而前肢短小高悬于上部，可协助嘴来摄食树上的枝叶；它的牙床上长着成百上千的牙齿，这些棱柱形的牙齿成层镶嵌排列，上层磨蚀完了，下层长上去补充，这种结构可以加快它们的咀嚼速度并适应硬壳粗纤维的植物。

鸭嘴龙主要分为两类，一类是头部有顶饰的棘鼻龙，一类是头部无顶饰的平顶龙。前者以青岛龙为代表，后者以山东龙为代表。一开始，专家以为刺鼻龙头上的顶饰是它高高在上的鼻孔，这种结构一般适应水中生活，它应该是会游泳的，趾间也应该有蹼。但是80年代时在美国出土了一具鸭嘴龙的干尸却表明它们的

趾间无蹼，不过从其身上长有鳄

鱼似的皮肤来推断，它也能适应水中生活，所以刺鼻龙是水陆两栖生活的：陆地用前爪抓树叶，水中用平扁的嘴来铲食水草。

鸭嘴龙是我国发现的第一条恐龙，产于黑龙江嘉荫县的龙骨山。由于受到黑龙江的长期冲刷，恐龙化石不断地暴露出来，散布在江边的泥滩上，当地渔民发现了这些大骨头化石。渔民们非常惊奇，认为这些化石是龙的骨头。后来，消息被当时的

沙俄军官知晓，于是立即派人过来调查采集，他们把采集到的恐龙化石误认为是大象化石，并在俄国伯力地方报纸上作了报道。报道引起了俄国地质学家的注意，他们从1915—1917年陆续来到我国进行大规模的调查与发掘，依靠所采集到的化石又配上占全部骨架 1/3 的石膏，装成了一具平顶鸭嘴龙骨架，高 4.5 米，长约 8 米，定名为鸭嘴龙科满洲龙属，陈列在彼得堡地质博物馆里。我国著名的古脊椎动物学家杨钟健

教授参观了这个恐龙骨架，并带回了其头骨化石标本模型。

70年代，我国的地质工作者又在龙骨山附近找到了新的恐龙化石。黑龙江博

物馆经过两年的发掘以后，获得了大量的恐龙化石，并装成了大小三条鸭嘴龙化石骨架：大龙长11.24米，高6.48米；中龙长10.50米，高6.10米；小龙长9.32米，高4.18米，现存于中国地质大学地质博物馆中。该地出土的恐龙化石大多呈暗褐色或黑色，

黑色的恐龙化石贮存在研岩中，石化程度非常高，质地坚硬，乌黑发亮。据石油地质学家认为，这个含化石的研岩层是含油层位，黑色化石是由于石油浸泡的结果。

从出土的恐龙化石来推断，白垩纪晚期的黑龙江流域的气候并不像现

在这样寒冷，而是四季如春、土地湿润、植被繁茂，相当于今天海南省的气候。到了中生代末，除了天灾外，欧亚板块不断向北漂移，气候开始变冷和干旱，许多植物、动物

王龙的尾巴粗壮有力，既能在行走中保持身体平衡，又可以作为进攻的武器，一对前肢虽然细弱，但末端尖锐，在搏斗中通常能将猎物抓得皮开肉绽。但是，霸王龙最厉害的武器是它的巨嘴，真可谓是血盆大口，两排尖利的牙齿在强有力的上下颚牵动下能够咬断猎物的任何一部分。除此之外，霸王龙还有一件"迷彩服"，使得它能隐蔽地接近目标。

死亡，恐龙也随之一起灭绝了。它们的尸体埋藏在浅湖沉积的泥沙中，天长日久地下水中的矿物质渐渐渗透进骨头中而形成化石。以后发生的地质运动又将这里抬升，于是形成了今天的龙骨山。

前面说到，霸王龙通常以大型植物恐龙为食，这些大型恐龙重达

◎ 霸王龙

霸王龙是一种大型食肉恐龙，生活在距今7000万年前的白垩纪末期，主要靠捕杀大型植物恐龙为食。霸王龙身长10米，高6米，体重20吨，两条粗壮的后腿支撑着全身的重量，但行走的速度并不慢，速度可达每小时10～12千米。霸

几十吨，霸王龙便用它两排坚利的牙齿把猎物撕裂然后吃掉。如此巨大凶猛的食肉动物，在中生代时期是不可能有任何对手的，可是它又是怎样绝灭的呢，谁杀了它们呢？答案就是动物界竞争规律和它自己的特化。

首先，霸王龙是一种极端特化的恐龙，是专吃大恐龙为生的，它身体上所有的器官只适应捕杀大型动物。而越是特化的动物往往就越需要稳定的生态环境，就越经不住环境的变化，一旦它们的身体适应不了环境的变化速度，它们就会死亡。事实上，到了白垩纪末期，气候变得寒冷起来，小型爬行动物适应较快，它们可以用各种方法生存下来，比如蛇四肢退化，学会了用钻洞、冬眠来躲过食物缺乏和寒冷的冬季，而霸王龙没有学会冬眠，又无法抵御严寒的袭击。

其次，植物恐龙的大量死亡，使得饥饿和疾病一直在威胁着它们的生命，自己朝不保

夕，就更没有办法繁殖后代。举个例子来说，现代的猫头鹰，在鼠源充足的地方一年可产卵7～8枚，可是在鼠源缺乏的地方则只能产卵1～2枚，生育后代的数量全凭食物的多寡而定。由此推测，霸王龙的生殖可能也是如此，不然小龙孵出来，没有食物也要被饿死。而且它不吃哺乳动物，严格意义上来说是想吃也吃不到。因为它行走时产生的震动、发出的响声以及散发出来的气味，哺乳动物先进的感觉器官都能事先捕捉到，从而早早逃走或远远地避开。而它又不会像鳄鱼那样游泳、蛇那样钻洞去捕捉猎物，再加上白垩纪末期的恐龙大都带有"自卫武器"，如禽龙的前爪趾坚硬似钢钉、三角龙头上有三只角、肿头龙头硬，霸王龙想吃它们也不是那么容易，因此它们最终只能退出历史的舞台。

◎ 翼 龙

前面文章中我们提到，爬行动物将前肢演化成翅膀的两种结果：一种是羽毛翅膀，一种是皮膜翅

膀。而翼龙就是具有皮膜翅膀飞行的大型爬行动物。它前肢第五指退化，第四指延长，一二三指尚且存在，用于攀抓。皮膜从指端一直延长到后肢的腋下。

中生代的翼龙大体上可以分为三类，一类是早期的翼龙，主要生活在早侏罗纪，喙嘴龙是其中的代表。它产于德国佐伦霍芬地区，凑巧的是，它还与始祖鸟产于同地、同时代的地层中。由于它刚从爬行类中分化出来不久，身体上的原始现象很多，比如长尾巴、嘴中有长牙、前肢掌骨很短，两翼扇动力量不够大。因此它还不能自由飞行，只能从高处向低处滑行，处于这一阶段的翼龙还不是它们的典型代表。到了晚侏罗纪时期，出现了翼指龙，它进化的尾巴极短，口中的牙齿也有退化，掌骨变长了，它可算是进化的中期产物。进入白垩纪后，翼龙的演化也达到了高峰，尾巴消失，牙齿退化

了，头部有隆起的骨质嵴，骨骼中空，眼睛前方有巨大的孔洞，这样就减轻了头骨的重量，第四指骨更加伸长，扇动力量加大，使它能够自由飞翔，这个时期翼龙的代表是中国的准噶尔翼龙。

一些专家经过对化石的研究，认为翼龙有可能是温血动物，他们的根据是翼龙皮翼的结构。仔细观察它的印痕化石，会发现外半部分坚硬，充满了又直又长的、平行排列紧密的纤维，僵硬而没有弹性；内半部分（靠近身体的后半部分）纤维短且弯曲，排列疏松呈波状，有可能是皮毛，且皮膜也较

软，具伸展性。由于这些纤维柔软、稀少、易腐烂，很难保存下

来，过去也一直没有引起专家们的注意。现在，专家们对它们的身体结构进行了仔细地研究，认为它应该具有这些"微细附件"，在对翼龙认真观察后终于发现了这些印痕。翼龙生前两翼张开可有6～15米宽，但身体不大，在两翼有力的扇动下，要保持体内热量不散失就必须要有隔热的皮毛来保温，翼龙生活在湖边、海边，惯食鱼类，是食肉动物，但从化石

腹部印痕上却未发现其胃中有食物，表明它们消化、吸收的速度很快，能够产生高能量来维持体温及提供动力，这为翼龙是温血动物又提供了一个证据。但是，仅凭这两点就说翼龙是混血动物还不能说明问题，还要再找更多的化石来观察，以发现更多的"微细附件"。可是，翼龙的化石非常之少，其原因与始祖鸟很是类似。如果翼龙是温血动物的论点得到了证实，那么这将是一个无比巨大的发现，它将证明翼龙并不是过去人们所想的那样笨重，而是进化得和鸟类一样先进的飞行动物。

翼龙起源于约2.15亿年前的晚三叠世，在6500万年前的白垩纪末期灭绝。关于翼龙绝灭的原因，至今还是一个谜。据专家推测，原因很可能出在皮翼上。它的皮翼很薄弱，中间没有骨骼支撑，一旦皮翼破损就无法修补，就会直接影响扇动能力，造成两翼不平衡，皮翼越大这个缺点就越明显。而从爬行类进化出的鸟类在适应天空飞行方面的能力比它们强，在与翼龙的竞争中鸟类灵活地扇动翅膀，做着急飞、急停、空中急转弯等高难度动作，把翼龙打下了天空，打进了泥土中。因此，尽管翼龙有可能也进化到了温血动物阶段，但由于其进化速度太慢、程度不同，最终还是被进化快、程度高的鸟类独霸了天空。

◎ 鱼龙和蛇颈龙

鱼龙是中生代海洋中的霸主，是一种性情凶恶的海生爬行动物。

鱼龙最早出现在三迭纪，从它的化石形状来看，鱼龙具有流线型的体形，与其它海生爬行动物有着极大的差别。可奇怪的是，它没有其它动物都具有的脖子。它的生活环境、游泳方式及食物来源都与现代的鲨鱼、海豚相同，因此它与海豚的外形也异常相似。这种海生爬行动物因适应相似的生活环境而在体形上与鱼类变得相似，并且向鱼类趋同，所以称它为鱼龙。由于所发现的鱼龙化石都是这种体形，估计它也是经过了较长时期的进化发展。但它的祖先及起源至今还不是很清楚，只能根据它具有迷齿型牙齿的特点，进而推测它与杯龙类可能会有点关系。鱼龙的体形无疑地表明它游泳的速度很快。它的尾巴是游泳的动力，呈倒歪型，即尾椎骨不是向上而朝下，且与脊椎骨不在一条直线上。随着进化，侏罗纪之后，鱼龙的尾椎骨急剧倾斜伸入尾鳍下叶；它的眼睛也变得很大，视野开阔；口中长满了利齿，除了捕鱼外还能咬碎菊石、瓣鳃类的硬壳；其生殖方式也为了适应海中生活而改为卵胎生，在化石中常可见到的小鱼龙骸就证实了这一点。而

且，鱼龙的身体也开始朝着大型化

发展，我国 60 年代在西藏发现的"喜马拉雅鱼龙"身长甚至达到10米以上。

除了鱼龙之外，生活在海洋中的爬行动物还有蛇颈龙，它是调孔亚纲中蜥鳍目的动物，蜥鳍目动物的主要特征是长脖子、长尾巴、三角小脑袋，且全是海生，由于它们的体形像蜥蜴（即"四脚蛇"），故得此名。本目动物体形完全相同，但大小却差别很大，小的就如中国的贵州龙，脑袋仅有黄豆般大小，骨骼像火柴棍般粗细，逐渐变粗的长脖子和逐渐变细的长尾巴，从头至尾总共也不过10厘米左右，可以说是本目中的"小不

点"，因其体形太小，而将其归为幻龙类。

蛇颈龙是大型的海生爬行动物，生活于侏罗纪至白垩纪，一般来说，体长从几米至十几米不等。根据蛇颈龙脖子的长短分以把它分为长颈和短颈两种类型，长颈类中的颈椎骨可达几十节。它们均以海中动物为食，其游泳方式是靠四肢划水，尾巴做舵，因此它们的游水速度不如鱼龙快，弄不好还会是鱼龙攻击的目标，只要鱼龙快速冲来，一口咬断它们细长的脖子，就可以美美的吃上一顿。

恐龙之最

最大的恐龙：棘龙，身长为16~18米，重量为8150千克。

最小的恐龙：近鸟，体长30厘米，重350克。

最早的恐龙：距今2亿2千5百万年。

最迟出现的恐龙：距今1亿3千5百万年。

体形最大的恐龙：易碎双腔龙，体长58~62米，重约122吨。

体重最大的恐龙：巨体龙，体长约40米，重约140吨。

牙齿最重的恐龙：霸王龙，牙齿超过15厘米。

最早有羽毛的恐龙：近鸟，距今约1.6亿年，是迄今发现的世界上最早的带有羽毛的恐龙化石，是鸟类起源研究一个新的、国际性的重大突破。

始祖鸟

古生物学家通过不断的研究发现，鸟类的祖先起源于一类没有特

化的爬行动物。在三迭纪时期，爬行动物在前肢变翼的过程中又分化出来两支，一支是羽毛翼，一支是皮质翼，羽毛翼的代表动物是始祖鸟，而皮质翼的代表动物是翼龙。

迄今为止，全世界

只发现了10例始祖鸟的化石，各个都是国家珍宝。这10例始祖鸟化石大都是在德国的巴伐利亚州的石灰岩层中发现的，古生物学家们经过年代测定，认为它们是生活在距今1.5亿年前的侏罗纪晚期。它们和乌鸦差不多大小，嘴里长有牙齿，长着多节尾椎骨组成的长尾，翅膀的前端残留着爪，如果不是因为同时找到它的羽印痕，很可能就把它

鉴定为爬行动物了。

大家都知道，鸟类是从槽齿类演化而来，而槽齿类兴盛于三迭纪，可是至今所发现的始祖鸟都是侏罗纪晚期的，它们之间的空白区长达 8000~9000 万年，这个时间甚至比整个新生代还要长。在这段时间中肯定还会有更古老的鸟类化石，但至今还未找到。从这点上讲，"始祖鸟"这个译名也许并不确切，它并不是最早的鸟类代表。事实上，同大多数古代生物的名字一样，始祖鸟的名字——Archaeo pteryx 也来源于希腊文，"archaeo"的意思是"古代的"，而"pteryx"则是

"翅膀"的意思。所以"Archaeo pteryx"应当翻译为"长着古代翅膀的生物"更为合适，比如古翼鸟。

由于始祖鸟保留着爬行类动物的一些特征，除上述提到的以外，还有骨胳没有气窝；三根掌骨没有愈合成腕掌骨；胁骨细，无钩状突起，这些特征与鸟类比起来是非常落后和原始的。

但它也有鸟类的一些特征，比如它有羽毛，就意味着它已经是恒温动物了。恒温动物始终保持一个相对稳定的体温，这就加强了这类动物适应环境的能力，为其有效地征服空间提供了必要的基础。第三掌骨已与腕骨翕合，这是后来的鸟类掌骨都愈合成腕掌骨的开始。我们吃鸡的时候注意观察一下鸡翅膀，翅膀末端的那块小尖骨就是愈合的腕掌

骨。因此我们说，始祖鸟代表着爬行类过渡到鸟类的一个中间环节，这种过渡型的动物身上分类界线是很模糊

的，恩格斯曾提到过"用四肢行走的鸟"，指的就是始祖鸟；有的专家也戏称它为"美丽的爬行动物"。

根据始祖鸟的行动方式，一部分人认为它是地上的走禽，靠后肢支持体重，以尾巴保持平衡，靠生有羽毛的翼来扇动空气产生前推力，帮助它向前奔跑，形如鸡跑时一样；还有一部分人认为它是以树栖为主，它的两足拇趾向后与另三个相对立，很适合抓握树枝，它的前肢趾端长的爪也是抓握树枝的有力证据。它从地面起飞，落到树上，再从这一棵树滑翔到另一棵树上，指端的爪是在树枝上降落时用来稳定身体的，它的长尾也不适合起落和扭转方向，所以专家推测始祖鸟可能是一种飞行能力低而且起落很慢的鸟，它嘴里的牙齿是用来咬死昆虫和鱼类的。

始祖鸟虽然仅仅发现在化石里，但是它为鸟类起源于恐龙提供了非常宝贵的科学依据。

鸭嘴兽

鸭嘴兽是最低级的现生哺乳动物中的一种，属单孔目，也就是说它的排粪、排尿和生殖都是通过泄殖腔这一个孔道来完成。它需要通过一段孵化时期才能变成小仔出蛋壳，这些是爬行动物的特征。但小仔出生后体表上有毛，而且是吃母兽的奶汁长大的。鸭嘴兽在哺乳的时候也很有趣，母兽身上没有乳头，腹部只有一个下凹的乳腺区，母兽四脚朝天躺在地面，乳汁湿透了乳腺区的腹毛，幼仔趴在上面舔食。同时，鸭嘴兽也可以说是一种特化了的动物，它的嘴巴类似鸭的喙，爪之间还生有蹼，因此人们称呼它为鸭嘴兽。成年的鸭嘴兽身长1～2米，会游泳，主要靠捕食水中的鱼虾为生。

上面提到的鸭嘴兽的那些类似爬行动物的特征，说明了它是由爬行动物向哺乳动物进化中的过渡类型。由于它具有很强的原始性，

因此它在世界各地均被后来更为先进的哺乳动物所灭绝。只有澳洲大

陆，在它刚出现后不久就独自南移，与其他板块相隔离，终止了动物的交流，动物的进化也随之停止，才使得鸭嘴兽得以保存到今天。也正因为如此，大多数人根本就没有见到过鸭嘴兽，当第一件鸭嘴兽的标本被带到欧洲时，很多学者面对其奇怪的外观、产蛋、鸭子般的嘴等莫名其妙的特征仅是付之一笑，说是捏造的物种。后来，标本一件接一件地送来，又经过了一场旷日持久的争论，学者们才最终根据它的哺乳特征、恒温及有体毛，确认它为哺乳动物，全世界仅此一目一科一属一种。从此以后，这种"会下蛋"的哺乳动物终于得

到了人们的承认。

鸭嘴兽这种奇特的小哺乳动物在学术上有重要的研究意义，历经亿万年，它既没有多少进化，但是却也没有完全灭绝，自始至终都是在"过渡阶段"徘徊，真是让人觉得奥妙无穷，令人充满了神秘感。这种全世界仅有澳大利亚才有的动物，却因为一些人对其标本和珍贵毛皮的需索，以致多年滥捕而使其种群严重衰落，曾一度面临绝灭的危险。由于其特殊性和稀少，已被列为国际保护动物。对此，澳大利亚政府也已经为其制定了相应的保护法规。

三趾马

三趾马是分布极为广泛的一类已绝灭的马，它是马科进化谱系树

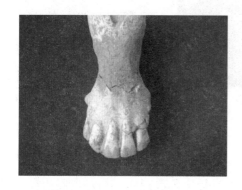

中的一个旁支，并不是现生马的直系祖先。在体型上，三趾马大者如马，小的如驴。它与其他一切马类有明显的区别：三趾马的上颊齿有孤立的原尖和极多的窝内细褶。头骨上的眶前窝在大多数种类中都发育很好，而现生马则没有；前肢3趾，

中指显著粗大于两侧指。但是，三趾型前肢并不是三趾马所特有的，除始新世的原始四趾型马类及中新世晚期向真马过渡的单趾类型，如上新马，大部分化石马类都是三趾型的。

最早的三趾马发现于北美中新世，距今约1500万年前的地层中。在距今1200万年前后，三趾马曾经盛极一时。因此，这一时期的动物群也被称为三趾马动物群。在我国，常见的三趾马是马类进化中的

一个侧支，是从中新世纪的草原古马阶段分化出去的，生存时代为距

今1000多万年至100多万年前，当时它们在数量上占有很大的优势。

从挖掘的马类化石上我们能够清楚地描述出马的进化过程：始新世纪时，马生活在森林中，形体似狐狸，背部弯曲，前肢具4趾，后肢有3趾，以吃树叶和嫩枝为生，前肢可撑着树干将身体直立起来，觅食高处的食物，行动机警。后来，随着森林中猛兽的增多，再加上气候趋于干旱，草原面积增大，三趾马便来到草原求发展。草原的环境与林中有很大的不同，天高地广，障碍物少，便于奔跑，同时沟坎壕堑也需要跳跃。更主要的是，树木要比草高得多，而且草原光线明亮，活动的动物很容易被发现，因此始马在吃草时要时常抬头观看四周，同时也要让自己

的身体向高长，才能看得更远，而且要不时地奔跑来躲避危险。这些变化使其原来的身体结构变得无法适应，首先趾数多跑不快。因为各种各样的原因，始马需要奔跑，于是腿、掌、趾骨开始增长，支撑力也主要放在中趾上；身体长高了便于观察周围环境，步幅增大了便于跨沟跃坎。可是，还是有一点不好：个子高了，低头也吃不到地上的草，只好努力地伸长脖子与前肢等长。朝着这个方向演化，到山马阶段前肢就变成了三趾。

从山马开始到新马阶段，前后

肢一直都是三趾，这好像没有什么进化，其实马的进化一直没有停下：身体仍在不断地长高，腿、掌、趾骨也不停地加长，脊椎变得平直，保护内脏不受剧烈震动；脸部骨头加长了，头颅加大脑量增多，长智慧了；前后肢虽仍为三趾，但侧趾已经明显地缩短变细，尤其是到了新马阶段时，侧趾已无法沾地，完全由粗大的中趾支撑着全身，奔跑速度有了很大提高；变化最大的还是牙齿，门齿变宽、犬齿退化、前臼齿臼齿化，牙体变长，咀嚼面扩大褶皱复杂化。而这些变化带来的直接结果就是加快了吃草的速度，适应了吃草的能力，

尤其是冬季吃干草。与此同时，它

的内脏器官也做了相应的调整，腹部小利于奔跑，肠胃也比牛、羊等动物短，食物消化时间短，排泄快，其中很多养分来不及吸收就被排出体外，要靠大量吃草来弥补这一缺点。由此看来，这种动物的进化方向并不先进，有人曾经就此做过统计，一匹马的日进草量相当于1～2头牛，对草场占有率很大，因此包括马在内的奇蹄目动物现在正趋向绝灭中。而马类若不是因其速度快而别人类驯养、利用，在自然界中也早就绝灭了，现存的野生马类也就仅仅

剩下了斑马和普氏野马。

在草原古马阶段，有一类三趾马没有继续进化。当时我国境内草原面积不断扩大，生活环境相对稳定，三趾马没有其他自卫本领，只有通过大量的繁衍来弥补被猛兽吃掉的损失，形成了暂时的兴盛。在世界各地三趾马都绝灭、真马已经出现的情况下，这一类三趾马还继续生存到第四纪早更新世，虽然它也有些变化，如鼻子伸长了，但由于它奔跑不如真马快，活动范围就没有真马广，在"弱肉强食"自然界的淘汰规律面前，最终还是由于不能适应环境的变化而被淘汰了。

动物小百科

马的别称

骒(kè)：母马。

驹(jū)：小马。

骟(shàn)：丧失生育能力的马。

骠(biāo)：黄色的马。

骝(liú)：黑鬃黑尾的红色马。

骃(yīn)：浅黑带白色的马。

骅(huá)：枣红色的马。

骊(lí)：黑色的马。

䯄(guā)：黑嘴的黄色马。

骐(qí)：青黑色的马。

马骓(zhuī)：黑色白蹄的马。

骢(cōng)：青白相间，类似蓝色的马。

驽(nú)：跑不快的马，劣马。

骁（xiāo）：强壮的马。

駹（máng）：面、额白色的黑的马。

骍(xīng)：赤色的马。

骏马（jùn）：走得快的好马。

骥（jì）：老马。

剑齿虎

剑齿虎是大型猫科动物进化中的一个旁支，生活在距今300万至1.5万年前的更新世——全新世时期，与进化中的人类祖先共同渡过了近300万年的时间。

剑齿虎长着一对足有半尺长的巨大犬齿，现在的动物中也只有大象的牙齿能比它长，可大象的长牙是门齿而不是犬齿。剑齿虎曾广泛分布在亚、欧、美洲大陆上，但化石数量出产最多的和骨架最完整的地方是在美国。在美国的洛杉矶有一个著名的汉柯克化石公园，这个公园原先是个沥青湖，面积不足北京北海公园的1/3。几个世纪前，当地的印第安人就利用这些沥青来烧火做饭，后来白人夺取了这块土地，在沥青湖上打井采油，挖沥青

铺路，于是湖中埋藏的化石才被

发现。从1875年发现第一块化石起，100多年来共挖出2100只剑齿虎化石，此外还有大量其他脊椎动物的化石。让人奇怪的是，这2000多只剑齿虎若按年龄来分析，幼年的仅占16.6%，而青壮年的却高达82.2%，由此可见，它们是来这里捕食而陷入沥青湖遭到灭顶之灾的。生物学家曾经对剑齿虎的化石骨架进行过修复，结果发现成年的剑齿虎身长约为1.8米左右，体重高达500~800千克。

剑齿虎主要以大型的食草动物为捕猎对象，如象、犀牛等，由于这些动物的皮既韧又厚，因此它的犬齿就必须很尖很长才能刺穿肌肤。剑齿虎在当时是兽中之王，"大王"对小型动物不屑一顾，也没有练出捕杀小动物的本领，可谁知以后它却败在这些小动物手里。

剑齿虎生长在第四纪的冰川时期，气候寒冷，同时期的一些大型食草动物一般靠长毛和厚皮来抵御严冬，它们行动迟缓、笨拙，容易

被剑齿虎捕杀。但在2万年以前，

冰期结束了，气候转暖，植物生长旺盛起来，可是那些耐寒冷的大型食草动物，不能适应气候的变化，只有向北迁移，可北极圈中并无充足的草原，因此纷纷饿死了。长此以来，以捕食它们为生的剑齿虎失

去了食源，而当它们再想回过头来捕杀小动物或马、鹿等大动物时，它们的身体已像恐龙那样完全定型了，既不够敏捷，奔跑起来又没有速度，再加上我们祖先的狩猎技术在那时也有了极大的提高，发明了弓箭，利用火攻，在与它争夺猎物中往往取胜，甚至连它们也被杀掉成为猎物。随着岁月的变迁，世界上渐渐没有了它们的立足之地，最终走向了灭绝。

猛犸象

猛犸象是一种大型哺乳动物，生活在寒代，与现在的象非常相

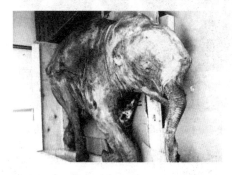

似，所不同的是它的象牙既长又向上弯曲，头颅很高。从侧面看，猛犸象就如同一个驼背的老人。它的背部是身体的最高点，从背部开始往后很陡地降下来，脖颈处有一个明显的凹陷，表皮上长满了长毛。

猛犸象生活在距今11000千年前，一般 5 米高，10吨左右重，以草和灌木叶子为生。由于猛犸象身披长毛，可抗御严寒，因此它们一直生活在高寒地带的草原和丘陵上。当时的人类与其同期进化，开始还能和平相处，但当人类进化到了新人阶段以后，学会了使用火攻，集体协同作战，捕杀成群的动物和大型的动物，猛犸象就成了他

们猎取的主要对象之一。

人们曾经在法国一处昔日为沼泽地的化石产地挖掘出了猛犸象的化石，从化石的排列上可以看出：猛犸象被肢解了，头骨被砸开，四条腿骨前后相连排成一线，肋骨有缺失。据此，专家们描绘了一幅当时的画面：原始人齐心协力将一头猛犸象逼进了沼泽将它陷住，并在沼泽边用石块和长矛把它杀死。先上去几个人把象腿

砍下来，搭到沼泽边，其他人踩着象腿走到象身上，割下大块带肋骨的象肉，用长矛将其运回驻地，还有人用工具砸开象头，吞食尚还温热的象脑，并砍下象鼻，挖出内脏。在运走了这头象可食的部分以后，剩余的部分便丢弃在了沼泽里。经过漫长的岁月，沼泽水枯泥干，成为干燥的土地，偶然的机会才被发现有化石。

北极圈附近是猛犸象化石出土最多的地方。北冰洋沿岸俄罗斯领海中有一个小岛，岛上遍地都是猛犸象的化石。这些化石是冰块流动

时从岸边泥土中带出的，堆积到了这个小岛上。由于自然界中化石的形成需要2.5万年，而猛犸象的绝灭不过一万年的时间，所以猛犸象的化石都是半石化的。更有甚者，前苏联古生物学家在西伯利亚永久冻土层中曾经发现过一头基本完整的猛犸象！它的皮、毛和肉俱全。发现它时，它的嘴里还沾有青草，据推测是吃草时不小心掉进了冰缝中，经过1万年自然"冰箱"的保存，才被现代人类发现。发现这头象以后不久，在前苏联召开了一次与此有关的会议，与会代表不仅见到了它出土的照片，而且还亲口品尝了它身上的肉。据与会代表说，猛犸象的肉不仅不好吃，而且闻起来也没有任何香味。

在距今1万年的时候，猛犸象突然全部绝灭了。专家们经过仔细的研究，找出了很多原因，归纳起来主要有两个方面。一是外因：气候变暖，猛犸象被迫向北方迁移，活动区域缩小了，草场植物减少了，猛犸象得不到足够的食物，饥饿时常威胁着它们；二是内因：猛犸象生长速度缓慢。举例来说，现代象从怀孕到产仔需要22个月，而猛犸象生活在严寒地带，其怀孕期理论上应该会更长。面临着人类和猛兽的追杀，幼象的成活率极低，且被捕杀的数量也越来越多，一旦它们的生殖与死亡之间的平衡遭到破坏，其数量就会无法避免的迅速减少直至绝灭，这也是大自然的淘汰规律。猛犸象这个种群灭亡的同时，也标志着第四纪冰川时代的结束。

动物小百科

猛犸的分类

（1）广义上：猛犸一度曾包括平额象、南方象等许许多多早期原始的真象，其中有一些类型与现生的印度象和非洲象系统关系非常近。

（2）狭义上：猛犸象又名毛象，是一种适应于寒冷气候的动物，在更新世，它广泛分布于包括中国东北部在内的北半球寒带地区。这种动物身躯高大，体披长毛，一对长而粗壮的象牙强烈向上向后弯曲并旋卷。它的头骨短，顶脊非常高，上下额和齿槽深。臼齿齿板排列紧密，数目很多，第三臼齿最多可以有30片齿板。

第二章

认识珍贵的动物

动物是多细胞真核生命体中的一大类群，称之为动物界。一般而言，动物只以有机物为食料，因此动物具有与植物不同的形态结构和生理功能。动物有多种分类方法：根据水生还是陆生，可以分为水生动物和陆生动物；根据有没有羽毛，可以分为有羽毛的动物和没羽毛的动物；根据动物体内有无脊椎骨，还可以将所有的动物分为脊椎动物和无脊椎动物两大类。

随着社会的发展，人类为了自己的私利对动物进行大肆的捕

杀，动物的生存环境也越来越恶化，世界上一些本来就稀有或濒于绝灭、以及目前虽有一定数量但已逐渐减少的在经济、文教、科研、卫生等方面具有重要价值的动物就变得越来越珍贵。这些动物通常分为三类：一是特产稀有或世界性稀有的或濒于灭绝的，如我国的国宝大熊猫、金丝猴、东北虎、亚洲象，属于严禁猎捕的范畴；二是数量较少、有灭绝危险或分布区有限而经济价值高的，如天鹅、小熊猫、河狸、大鲵等64种，属于禁止猎捕的范畴；三是目前尚有一定数量、但正在逐渐减少的，如西班牙猞猁、紫貂等47种，属于按资源状况确定禁猎或控制猎捕的范畴。在这一章里，让我们一起走进各国的珍贵动物世界。

大熊猫

大熊猫是我国的国家一级重点保护动物，由于它与熊有些亲缘关系而又有些像猫，因此称它为大熊猫。实际上，大熊猫还有许多其他的名字。由于它独产于我国，国外有人称它为华熊；由于它以食竹为主，有人称它为竹熊；由于它白色中夹黑，有人称它为花熊；由于它毛色以白为主，有人称它为白熊，所有这些都是它的别名。除此之外，大熊猫还有一些其它的称号。

由于大熊猫是一种现存的古老物种，有人称它为"动物的活化石"；又因为大熊猫栖息在深山幽谷的密竹林之中，有人称它为"竹林隐士"。

大熊猫是一种非

常古老的动物，至少在300万年前　　"活化石"。

就已经是现在的模样了。它和凶猛的剑齿象是同时代的动物，在地球上曾经分布很广。后来，到了第四纪冰川时期，地球的气候越来越冷，许多动植物都被冻死和饿死了，剑齿象就是这个时期灭绝的，可是只有大熊猫躲进了食物较多、避风而又与外界隔绝的高山深谷里去，顽强地活了下来。几百万年来许多动物都在不断地进化，可是熊猫却几乎没有变化，成了动物界的"遗老"和珍贵的

从栖息地看，大熊猫只分布在我国的四川西北和秦岭南坡。那里气候湿润、温暖。冬夏平均气温差别不大，夏季平均气温在 14℃左右，而冬季的平均气温不低于-6℃，年降雨量可达1700～1800毫米。地势由低向高生长着亚热带、温带、寒带的许多植物。除了遮荫蔽日的浓密森林外，还夹杂着片片竹林，拐棍竹、大箭竹、冷箭竹、华桔竹等到处都是，为大熊猫提供了充足的食

粮和适宜的活动、栖息场所。尽管

如此，据专家们估算，所有这些地方栖息的大熊猫，总数也只有大概1000只，因此大熊猫珍贵异常。

大熊猫性情孤独、不喜群居，喜欢独处，独来独往是它的生活习性之一。即便是雌性大熊猫在产仔后，对幼仔大约也只带领上一年左右的时间，就会让它们自己单独居住。只有在繁殖期到来时，它们才会去寻找异性伙伴。大熊猫发情期极短，一只成年大熊猫每年也就几天的时间。雄性大熊猫和雌性大熊猫发情期不完全相同，而它的择偶性又很强，从不随意结交异性伙伴。此外，雌性大熊猫每胎只产一至二仔，而它又只具备喂养一个小

仔的能力，综合这诸多因素，大熊猫因此变得极为稀有。

大熊猫以食竹为主，而且食量惊人，一只大熊猫每天要吃掉20～30千克竹子。但是，由于大熊猫的消化能力差，即便它吃得多，吸收得也并不多。一只大熊猫每天要用12个小时多的时间忙于进食，还有的时候甚至长达十六七个小时。但是它肠道短，食物很快就通过消化道了，为了维持生存，它只有不停地吃。虽说大熊猫以食竹为主，但千万不要因此而误认为它是"素食主义"者，它也食肉。食竹鼠、

羊、猪甚至羊、猪的骨头都是它的美味佳肴。人们在捕猎大熊猫时常

常用煮熟的肉或骨头当诱饵，而大熊猫因为贪吃就成了捕猎者的笼中物。大熊猫不仅喜欢吃竹子，也喜欢喝水，而且一喝就要喝个够，常常会喝得走不动路，迷迷糊糊地躺在地上，这就是人们说的"醉水"。不过，要不了几个小时，它自己就会醒过来。

别看大熊猫长得温文尔雅，就想当然认为它总是这样温良

恭俭让。一般情况下，大熊猫跟食草动物或食肉动物都能和平共处，表现友善，但是当遇到自己的天敌，如黑熊、豺、豹的时候，它是决不会示弱的。

为了更好地保护大熊猫这种珍贵的动物，从1975年开始，我国就着手划定了十余个以熊猫为主要保护对象的自然保护区，其中四川省的卧龙自然保护区为最大的保护区，面积有2000平方千米。而且，在保护区内还设有大熊猫研究中心和大熊猫饲养站。

金丝猴

金丝猴，脊椎动物，哺乳纲，

仰鼻猴属。毛质柔软，是中国特有的珍贵动物，产于我国的湖北、陕西、甘肃、四川、云南、贵州等地。一般成群栖息于高山密林中。在中国，金丝猴主要分为三种：川金丝猴、黔金丝猴、滇金丝猴，全被列为国家一级保护动物。

金丝猴这一雅号源于它的金黄色体毛，从体型上看，金丝猴在猴类中算是粗壮的了。它身高在70~80厘米，母猴稍矮些，大约60厘米左右。体重多在10千克以上，雄性的体重可超过15千克。它那几乎与身体等长的尾巴，长达60~80厘米。还有它那独具特色、因之而得名的体毛竟长

达50～60厘米。金丝猴的蓝脸孔上长着一对炯炯有神的眼睛，向上翻着的鼻子，鼻梁既小又塌，每当下雨的时候它就会低着头，或者用前肢捂着鼻子，或者发挥长尾巴的作用，把尾巴甩过来盖着鼻孔，防止雨水流进去。它的嘴巴圆圆的，长着两片厚嘴唇，脑袋两侧有一对不算大而竖起的耳朵。

金丝猴喜欢栖息在林木茂盛的高山上，主要在树上嬉戏、活动、摘取食物。如果下地活动，它们就会把长尾巴搭在肩上，这样行动会比较自由。金丝猴有垂直迁徙的活动规律。它们的活动范围一般在海拔1500米至3500米的高度。它们不怕寒冷，但是在冬季的时候，为了便于觅食，它们要往海拔较低的地方迁徙。夏季到来时，由于它们非常怕热，也会早早地就迁徙到海拔3000米以上的高度。迁徙的时候，猴王走在前面带路，幼猴夹在中间，成熟母猴殿后，还有几只成熟母猴会在中间照料幼猴。金丝猴喜欢群居，每群少则十余只，多则上百以至数百只。一群金丝猴在某一个季节或一定时期里，会有一片两三平方千米范围的固定领地。领地确立以后，其他金丝猴家族就不允

许入内了。如果其他猴群入侵，领地的原有猴群就会驱赶入侵者。不到迫不得已，它们绝不会让出自己的领地。

事实上，金丝猴的猴群内部很有温情。举例来说：它们常互相帮助捉虱子、挠痒痒，尤其是母猴更是以此为伺候丈夫的本职工作；热天午睡，母猴总是让幼猴倚偎在自己身上；当母亲的还常常把孩子抱在怀里以示亲热；有时母猴面临猎人无法逃脱时，还会给孩子喂上最后几口奶；天气冷的时候，它们就挤在一起互相取暖。除了上面提到的以外，金丝猴对年迈多病的老猴也很照顾，晚辈决不会嫌弃因为衰老不能自食其力的长辈。老猴病危躺下时，其他猴子便会周到地进行照料，而且个个都愁眉苦脸，显得非常悲伤。猴群转移时，常常可以看到许多金丝猴连背带抬地扶着老猴搬到新的栖息地。

由于金丝猴的毛皮非常的珍贵，自古以来人们就对其垂涎三尺，有钱人总想用它的皮制成皮衣、皮褥享用，并以此炫耀自己的富有。这使得一些见义忘利者对金丝猴不断地猎杀，再加上一些破坏性的森林砍伐行为，也破坏了金丝猴的生活环境。因此，较大的猴群已经极难见到了，金丝猴也就越发地显得珍稀。让人欣慰的是，现在国家将金丝猴列为一级保护动物，并建立了自然保护区，严格禁止捕猎金丝猴，金丝猴种族的繁盛，一定会有非常光明的前景。

金钱豹

自然界的豹分为金钱豹、雪豹和云豹三种，我们通常所说的豹

一般指的就是金钱豹。金钱豹的体形与虎相似，它们的毛色都是棕黄色，而且上面布满了黑色的斑纹，唯一不同的是虎的黑斑纹是条形的，而金钱豹的黑斑纹是圆形或椭圆形的，因为斑纹中间是棕黄色的而不是黑色的，看上去很像古时候的铜

钱，因此称其为金钱豹。

金钱豹比虎小，身体强健有力，体长100～150厘米，尾长约90厘米，一般体重约为50千克。金钱豹的胸、腹、四脚内侧及尾的底面为白色，尾尖呈黑色。金钱豹四肢矫健，行动敏捷灵活，善于攀援爬树，跳跃力极强，并且胆大凶猛，这些特点也与虎极为相似，因此人们常常虎豹并提。

金钱豹主要栖息在森林、丛林、山区、草原、丘陵地带，通常穴居。金钱豹是夜行性动物，夜间出来活动，白天隐避在栖息处酣睡，在清晨和傍晚也较为活跃。金钱豹虽然体型不大，但能猎捕到鹿、野猪等大中型食草动物，它能潜伏在草丛内伏击过往的动物，也能借着大自然的掩护追踪草食动物群，在恰当的时候发动突然袭击。还能伏在树上，闪电般地主动袭击树下走过的动物。不仅如此，金钱豹还能把它捕到的猎物叼在嘴里，然后窜到很高的树上，把猎物藏在树叉之间，供自己独自享用。除了猎捕大型草食性动物，如鹿、狍、野兔等外，金钱豹也捕食鸟类、猿猴、鼠类、穿山甲等中小型动物，还有的时候它们也会袭击家畜、家禽。

　　金钱豹广泛分布于我国各省和自治区，其亚种主要有三类。一是东北亚种，也可称为东北豹，产在长白山、小兴安岭和其他几处山岭。据动

物学家估计，自然界中的东北豹总数可能已不足100只了，是世界上最稀有的豹亚种之一。二是华北豹，主要产于北京的山区、山西、内蒙古、河北等地，西北地区也有

它的踪迹。这是我国特有的一个亚种豹，目前存在数量也很少。三是华南豹，数量较多。主要分布在黄河以南、云南、江西、西藏、广西、湖南、四川、贵州等省区。华南豹在 50 年代有上万只，但是随着人们对山林的过度开发和捕猎，目前华南豹的数量也在逐渐减少。

　　豹被人们捕杀的一个重要原因是用来制药。众所周知，虎骨酒能治许多病，并且使人延年益寿，深受国内外人们的偏爱。但是，虎骨的收购越

来越难，于是人们想到了用豹的骨来泡制"豹骨酒"，以代替"虎骨酒"。由于这些原因，豹的数量急剧减少。

为了挽救濒危的豹，70年代末我国把豹列为国家三级保护动物，1981年时又升为国家二级保护动物，1983年时又定为国家一级保护动物。就连国际贸易公约也将豹和豹的所有制成品：皮衣、皮褥等，都列入禁止贸易的范围内。这些措施都大大加强了保护豹的力度，相信豹被捕杀的状况会因此而有很大的改观。

雪　豹

雪豹是豹的一种，又称艾叶豹、打马热、荷叶豹，一头雪豹体重约30～50千克。雪豹的体毛长且密又柔软，这也是雪豹极其耐寒的重要原因。雪豹产于中亚的高山地带，终年生活在高原地区，也就是高山雪线一带，因此称它们为雪豹。雪豹属于岩栖性动物，多栖息在高山的岩洞或岩石缝间，有固定的巢穴，而且居住地数年不换，以至身上落下的毛在窝内铺得厚厚的。雪豹多在夜间活动，黄昏、黎明时也很活跃。但是白天却待在洞穴内不外出，人们很难见到它，因

此也很难捕到它。生活在高山上的雪豹，异常凶猛机警和敏捷，金钱豹也比不上它。它的弹跳能力极强，三四米高的岩石对雪豹来说，就像是走平地一样，十几米宽的山洞也更是不在话下，可一跃而过，因此雪豹

有"高山之王"的美称。

在我国，雪豹的主要产地是青藏高原、甘肃、新疆、内蒙古等地。雪豹一般生活在高山雪线以上，但是到了冬季，雪线以上难以觅食，因此雪豹有时也会下到雪线以下有人烟的地带觅食，一般在海拔 1800～3000 米的地方。而到了夏季，为了追逐各种高山动物，比如北山羊、岩羊、盘羊等高原动物，雪豹又会跑到海拔3000～6000米的崇山峻岭中。

雪豹体表为灰白色，略微显出一些浅灰和淡青色，体表上还有许多不显眼和不规则的黑色斑点、圈纹，显得华丽珍贵。动物学家们一致认为雪豹的体色是所有猫科动物之中最美丽的一种。而且雪豹的这种体色与周围的环境特别协调，即使白天从它身边经过，也不容易发现它，这也是人们很难捕猎到雪豹的一个重要原因。因此，雪豹是稀有动物，它的价值要比普通豹贵几倍，我国已把雪豹列为一级保护动物。

东北虎

虎是亚洲最大的食肉猛兽。

在过去，人们把虎额头上的斑纹看做是老天爷赋予虎的"王"者头衔，于是虎在人们心中自然而然地成为"兽中之王"。

虎是猫科动物，它力气超群、体型最大、也最可怕。虎分布于亚洲的许多地区，它的适应能力很强，寒冷地区、热带地区都能生存。尽管在动物分类学上虎只有一种，但是由于虎生活的自然条件差异较大，长期发展的结果造成生活在热带潮湿森林地

区的虎与生活在干旱缺水的荒漠地区的虎，或者是生活在北方寒冷冰

雪铺地的环境下的虎与生活在南方炎热地区的虎，它们的形态开始出现了一些较为明显的差别。

东北虎是体型最大的亚种虎，曾经有人在东北的乌苏里地区捕杀过一头东北虎，重达384千克，长达410多厘米，这只巨虎也许是人们见到的最大的东北虎了。一般情况下，东北虎体长180～350厘米，尾长

100～150厘米，体重180～340千克。东北虎头大且圆，眼睛较大，前额上有数条黑色横纹，中间串通，略似"王"字。它耳短且圆，耳的背面为黑色，中央有一块白色斑块。前脚外侧斑比较少，后脚斑纹较多，夏季体毛呈棕黄色，冬季体毛呈淡黄色。背部和体侧有许多条横向排列的比较窄的黑色条纹，通常两条互相靠近，形似柳叶，这也是虎与其他动物的重要区别。东北虎的腹部和四肢内侧为白色，尾上约有10余条黑色环状斑纹，尾尖为黑色，虎皮上的这些斑纹在树林和草丛中是它很好的保护色。东

尾巴看上去要肥大许多。

东北虎主要生活在我国东北大兴安岭、长白山及西伯利亚地区。它们没有固定的巢穴，白天在红松为主的针叶、阔叶混合的森林中隐蔽睡觉，或在山崖间卧伏休息。到了夜晚，才是它们的捕食时间。东北虎

北虎全身的体毛较长，尾巴因此显得十分丰满，比其他各种亚种虎的

食物了。东北虎的犬齿极为发达，长约6.5厘米，大而尖锐，对它经常食肉极为有利，便于撕裂食物。别看东北虎体型在虎中最大，但是它的脊柱关节异常灵活，走起路来脚爪又能收缩，脚上的肉垫极厚，行动时只有肉垫着地，悄无声息，

猎食的方式基本有两种：一是在猎物经过的地方隐蔽起来，当猎物路过时，便猛扑过去捕食。二是在猎物休息或专心取食的时候，虎便悄悄地靠近，当靠近到一定距离时便猛扑过去，在猎物还没有弄清是怎么一回事时，就已经成为东北虎的

反应又轻巧迅捷，因此它在捕食的时候一般都会得手。东北虎经常袭击大中型动物，以羚羊、野猪、野兔、鹿等动物为食，有时也吃一些带有酸甜味道的浆果。东北虎食量很是惊人，一顿可食30千克左右的肉，只要吃饱以后，竟然可以数日

不用进食。

经常听到"谈虎色变"这个成语，可见人们对于虎还是很恐惧的，主要原因是因为老虎吃人。其实，根据动物学家们的多年观察，发现虎天性谨慎多疑，是怕人的。研究野生动物的专家吉姆科贝特曾

估计，1000 只老虎中大约只有3只老虎吃人。一般在食物丰富的自然

界中，老虎猎食较为容易。它也不会离开山林，更不会向人进攻。只有在特殊情况下，比如寻找食物很困难，饿得太狠了，老虎才会接近居民区，盗食家畜和吃人。除此之外，虎受了伤，或年纪太大了，力气也不够大了，猎食的本领也大大降低，追不上如鹿、羚羊、麂之类的灵活猎物，也制服不了像野猪、水牛等大型的强有力的捕猎对象，迫于难

耐的饥饿，才不得不去袭击人。面对这种情况，人们为了防止虎危害自己的利益和生命，因此见虎就杀，或者主动进入山林捕杀。人们大量捕杀老虎的结果，使得老虎的数量大大减少。而且，人们还发现了虎的全身都是宝，尤其是它那神奇的药物作用，更加剧了人们对东北虎的猎杀，再加上自然生态被破坏，东北虎的繁殖力又较低，因此现在东北虎的野生种已经濒临灭绝，为此国家已将其列为一级保护动物，严禁捕杀。

海 豚

海豚，体形像鱼，嘴部细而长，上下颌各长有46～66个尖细的牙齿。身体瘦而长，一般长约2～2.4米，体重在 100～200 千克之间。在其流线形身体的背部，长着镰刀状的背鳍。背部灰黑色，腹部白色，腹部靠近头的地方长着一对胸鳍。海豚种类很多，如白海豚、侏河海豚、短吻海豚等等，主要分布在我国东南部、南部沿海一带以及东南亚海域。我国已将它划定为一类重点保护动物。

海豚生活在温暖的近海水域，它们喜欢群居，一群海豚少至10余头，最多可至数百头。它们没有固定的发情交配季节。当雄海豚发现中意的情侣后，会长时间地尾随这只雌海豚，在漫游中逐渐靠近，

进而用胸鳍摩挲对方，直到对方表示接受恋爱，才进入交配阶段。海豚的孕期约9个月，一胎只产一个幼仔，但幼仔体格惊人，体长约相当于成年海豚的一半，但体重只相当于成年海豚的六分之一到七分之一。海豚的哺乳期大约为一年，幼仔生下后，由母亲陪伴。在喂奶时母亲侧身卧在水中，幼仔紧靠着母亲吮啄乳汁。由于海豚是群居性动物，当了妈妈的海豚，常常采取"值班制"来保护幼仔，即每次由一只当了妈妈的海豚来照看一群幼仔，其余的妈妈们到远处去采食。

海豚的大脑很发达，它的脑重占体重的 1.2%，是一种高智能海洋动物。有的专家认为它的智能超过猿类，其重要依据之一就在于海豚的脑容量大于猿类。经过训练的海豚，能够在较短时间内学会敲钟、吹喇叭、扔球、钻火圈。除了

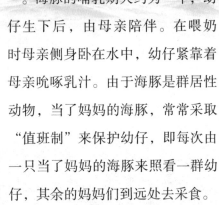

聪明的大脑，还有发射和接收超声波的能力。凭着这种能

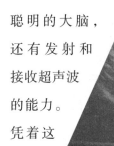

海豚

收超声波的本领，使得它在海洋中高速游动时，不会碰上障碍物，又经常能为海轮导航，使海轮避免触礁。

力，它们能够准确判别障碍物或猎物的位置；能够与自己的同类互相联系；在求爱时，雄海

豚也能凭此与失去联系的女伴接上关系。正是由于它高超的发射和接

海豚性情温良、敏感、爱嬉戏、好奇、喜欢交际。在一个群落中，如果有一只海豚病了，它的伙伴们就会悉心照料它。当它们的伙伴遇难时，也立刻有同伙游上去把受伤的伙伴托起来，使同伴能够呼吸到新鲜空气。据说曾有一条病海豚，被同伴们连续轮流"托游"了四天，直到它恢复了呼吸能力，能自由游上水面呼吸为止。

海豚的善良不只是救助同类，

事实上，它们还多次救助过人类。在近代航海史上，曾多次记载过它

除了救助人类，海豚还可以为海轮执行导航任务。国外有史记载，

在新西兰近海海域的一片海礁密集区，曾有过一条白色海豚，从1871年开始，连续40年为海轮领航，直到老死为止，真可谓"鞠躬尽瘁，

们救助遇难人类的事件。1972年，曾有过海豚游出100多海里，把一名落水妇女托救至岸边的事。还有

死而后已"。因此，人们亲切地称海豚为"人类的朋友"。

一次海船沉没，乘客落入海中，适逢有鲨鱼在落海者附近，而一群海豚恰好游经乘客落水处，海豚就一分为二，一部分勇斗鲨鱼，另一部分把落水者保护起来。

动物小百科

海豚的睡觉方式

海豚是哺乳类动物，原先栖息陆地，后来又回到水中生活，用肺呼吸。如果它们在水中持续睡觉，将会因为无法呼吸而死。难道海豚真的不用睡觉？如果它们需要睡觉，那它们是睡在陆地，还是睡在海中呢？

其实如果我们能够细心观察海豚一段时间，便会发现它们在游泳时，有时会闭上其中的一只眼睛。

通过对它们的脑电波调查过后可以发现，它们某一边的脑部会呈现睡眠状态。即使它们持续游泳，但左右两边的脑部却在轮流休息。每隔十几分钟，他们的活动状态就会变换一次，而且很有节奏。

蓝　鲸

鲸不是鱼，而是水里的哺乳动物。鲸的祖先大约在 6000 万年前是生活在陆地上的，长着四条腿。只不过随着地球古地理环境的变迁，使得陆地沉入海洋，从而迫使它们生活于水中。后来由于长期的生理功能进化，鲸的身体便慢慢发生变化，诸如前肢退化成鳍，后肢只留下一点痕迹。于是整个身体最终变成如同鱼一样的形状，这种身体形状使其能够适应水中生活，便于游泳、潜水。鲸的水中活动能力是惊人的，比如在鲸类家族中，抹香鲸、小鳁鲸可下潜几百米至 1000 多米，能经受住一两百个大气压，停留两个多小时。

而人类即使带了水下呼吸设备的潜水服，也只能下潜百米左右，停留不过几十分钟。

总的说来，生活在海洋里鲸有 90 多种。鲸的家族可以分为须鲸、齿鲸两类。比如，可爱的海豚就是齿鲸，这种鲸的特点是嘴里有牙齿

没有须，身体小得多。鲸类家族中富有代表性的是蓝鲸。蓝鲸是须鲸里最大的，体长可达三四十米，重

多斑点状花纹。蓝鲸的背鳍很小，在体背的后部稍稍隆起一片；尾巴扁平而宽大，是游泳前进的动力，也是在水中起伏的升降舵。蓝鲸的嘴巴也很大，能吞下一艘小船。而且蓝鲸的嘴里长着 800 多条角质的须板，当吞下了一大口海水和鱼虾后，就把大嘴闭

190 吨，其肉有七八十吨，脂肪有四五十吨，骨头有二三十吨，内脏有五六吨，舌头有三四吨，血有近 10 吨。完全称得上是个海洋中的巨无霸。蓝鲸的身体像一把长长的剃刀，所以又叫剃刀鲸。蓝鲸全身蓝灰色，背上还有许

上，将海水排走了，无数鱼虾就被须板挡在嘴里吞下肚子。

蓝鲸寿命很长，可以活到 100

多岁。它主要生活在北太平洋、北大西洋、南冰洋等深海区。尤其是南极地区的蓝鲸，它们最爱吃那里的磷虾，一天能吃五六吨。鲸是靠肺呼吸的，蓝鲸的肺更大，足有 10.5 吨重，肺活量真惊人，吸一口气肺里可装上 15000 公升空气。强大的肺功能便于它在水下生活的时间更长。不过，一般说来，十来

分钟后，蓝鲸要出水透一下气。鲸的头顶上有两个外鼻孔，呼气时从鼻孔里喷出 10 来米高的雾珠状水柱，像喷泉一样，很是壮观。蓝鲸的胸腹部有好几百条褶沟，这些皱褶可以自由伸缩，从而方便其吃食。也就是说，当食物和海水一起吞进肚子里时，便可立即把肚子撑大；当闭上嘴巴把水从板须间压出后，肚子又可马上缩小。蓝鲸虽然庞大无比，但性情很温顺。

蓝鲸也与人一样，有着自己特殊的"恋爱"方式。它们的交配期一般选在春暖花开、气候回暖的

季节。那时，雄雌蓝鲸会成双成对地游到浅海区，它们在互相追逐、嬉戏中，求爱、交配。雌鲸怀孕后经过长达 12～24 个月就会产下幼仔。有趣的是，母鲸分娩时，肚子会朝上仰浮在海面上，雄鲸则一步不离地守在旁边，用自己的鳍轻轻地、不停地拍打雌鲸的大肚子。经过一番阵痛后，一头白白胖胖、身长六七米、体重 7 吨的幼鲸就会生下来。幼鲸一出生，它的爸爸妈妈就会立即游过来，紧紧地把它夹在中间，将幼鲸轻轻托出水面二三次，这是为了训练初生鲸学习呼吸。大约 60 个月后，幼鲸才能长大，过起自己的独立生活。在地球海洋中，墨西哥湾称得上是蓝鲸的繁殖乐园。每年生殖期间，都会有大群蓝鲸由雄鲸带队，母鲸紧跟其后而游到这里。

近些年来，由于鲸的全身是宝，占体重 27% 的脂肪是提炼工业生产用的高规格润滑油的原料；肝脏含有大量维生素 A、D，可用来制造营养丰富的鱼肝油；鲸肉鲜美，可制作食品罐头和动物用高级饲料；皮可制革；骨可做高效有机肥料；鲸须又是制作高级工艺品的贵重原料。因此，鲸成为了人类捕猎的重要对象，数量急剧减少。为了保护地球上最大的珍贵动物——鲸，我们应该动员起来，共同反对滥捕、滥杀可爱的海洋巨兽——鲸。

亚洲象

象，是世界上最大的陆栖动物，主要可分为两类，一是亚洲象，一是非洲象。亚洲象历史上曾广泛分布在中国长江以南及河南中南部、南亚和东南亚地区，现在分布范围较之以前已经缩小，主要产于泰国、印度、越南、柬埔寨等国。在中国云南的西双版纳地区也有小的野生种群。而非洲象则广泛分布于除撒哈拉沙漠外的整个非洲大陆。

亚洲象在形体上比非洲象稍小，它肩高250～350厘米，体长550～650厘米；尾120~150厘米；体重约5000千克。即使是刚生出来的幼象肩高就达100厘米左右，体重将近100千克。说它是庞然大物名副其实。其体色为灰褐色，皮肤上有极稀疏的体毛，毛色与皮肤又很接近，以至于有人误以为象身上

没有毛。亚洲象身上最明显的就是那条又粗、又长而又灵活的鼻子。这条长鼻子的功能很多，比如

呼吸、吸水、觅食等。经过特殊训练的亚洲象，还会用鼻子运重物、表演节目。最令人不可思议的是这条长鼻子有时竟能向上直

竖起来，这时，它能嗅出两千米远处的各种气味。亚洲象长着一对蒲扇似的大耳朵，常常煽来煽去以散热或者驱赶蚊蝇。

雄象还长着一对长长的象牙，这对象牙的长度可达两米左右，每只可重达五六十千克。但是雌象不长象牙。在这一点上，它与非洲象不同。非洲雄性的长象牙，雌性的也长象牙。亚洲象的前额上长着两大块隆起的肉瘤，其最高点正好位于头的顶部，这两块肉瘤被称为"智慧瘤"。亚洲象长着四条周长都有一米多粗壮的大腿，能支撑起5000千克左

右的体重。这四条腿每天几乎 24 个小时全都支撑着它那沉重的身体，因为它站着睡觉。亚洲象站着

天要吃掉100多千克食物，而且它又有边吃边扔的习惯，这使得它的栖息地很不固定，它每天边吃边走，一天往往要走几十千米的路程。水也是亚洲象必不可少的生活用品，喝一次水就需要60多千克，它还喜欢洗澡，通过洗澡达到解热消暑、恢复体力、驱赶蚊蝇的目的。

睡觉，是一种自卫的本能。试想一下，如果它躺下睡觉，一旦遇到敌害，那笨重的身躯是无法做出及时的反应的。

亚洲象离不开水，还在于它喜欢游泳，它几乎每天都要在水中游几个小时，游泳既清洁了身体，免去了

亚洲象主要以青草、芭蕉、树叶、树木和野果的嫩枝为食，对于坚硬的食物它也不会拒绝，因为它长着四颗可以磨碎粗硬食物的臼齿。亚洲象的食量很大，一

粗腿的沉重负担，还能解除暑热，

一举数得。

亚洲象大多在早晨和傍晚活动，在中午，它就避开高温，站着午休。亚洲象喜欢结群活动，小群五六头，大群二十头左右，一个象群就是一个小的"母系社会"。这个"社会"由一头强壮的母象充当领袖，其他几只就是成年母象、未成年的幼象以及唯一的一只已经成年的公象。在这个"社会"里，女皇具有绝对的权威，象群的行动路线、觅食地点、行止时间都由她来决定。象群行动时，"女皇"在前面领着，其余的象在后面跟随，成年公象在最后担任警卫。停下来吃食或睡眠时，成年公象远远地在一边呆着，一旦有敌害，它就要奋不顾身地冲上去保卫群体。只有当交配期到来时，成年公象才被允许加入群体。

亚洲象性情温和，一般不会去伤害其他动物，敌人入侵时，它也只是先以巨声吼叫来吓唬外敌，如果外敌继续入侵，它才会用它的大鼻子甩打敌人，或者用脚去踢，有时也会用它那雄伟的躯体去冲击，

直到把敌人赶走为止。亚洲象对自

己的同伙很讲友爱。只要有母象生仔，它们就会照料；哪只生病了或者受伤了，别的象就会跑过来用鼻子"搀扶"它；在寻找新的生活场所的中途上，哪只象走不动了，同伙也会过来用鼻子架着它走。如果某一只象死去了，伙伴们更是悲痛万分，它们不吃、不喝，流着悲伤的眼泪，发出哀痛的吼叫，哀嚎声传到几千米以外。但是，象群对于老年公象却意外地无情，老年公象只

能游离于群体之外，过着孤独的生活，群体也不会照顾它。亚洲象的记忆力很强，对于爱抚过它的人，即使隔了很长时间，它也会表现得很友好，但是对于伤害过它的人，它也会牢牢地记住。

据估计，全世界的亚洲象总数约三四万头，而在我国，除动物园饲养的以外，野生象大约不足二百头。这些野生亚洲象数量少、分布散，因此非常珍贵，我国政府十分珍视，将它列为一类保护动物，在西双版纳还设置了三个自然保护区。

梅花鹿

梅花鹿，体长在120～150厘米之间，尾长约15厘米，体重约80～100千克。头部尖圆，面部呈较长的近似梯形状，有一对大而圆的眼睛和不太长的耳朵。雄鹿头上长着一对分着4个叉的角，眉叉不长，但主干较长，可达40～50厘米，第二个叉离眉叉较远，主干末端分成两叉。梅花鹿的四肢细而长，有利于快速奔跑。它的体毛颜色不固定，春夏季略浅些，秋冬季

深些，基本色调为棕色。背部有显著的白色毛斑，因此人们称呼它们为"梅花鹿"。更让人觉得有趣的是，这些白色毛斑

排列比较规则，近乎成纵行分布。

梅花鹿栖居于针阔叶林的边缘地带或山地的大片草原地带，具体地点不固定。不同的季节，它们的栖息地点也不一样，夏季多在林荫中栖息，冬季则寻找朝阳避风的山坡栖息。梅花鹿的活动时间多在早晨和傍晚，一边觅食，一边嬉戏。它们的食物多为青草、树叶、苔藓，或者树木的嫩枝、嫩牙。梅花鹿非常机警，它的嗅觉、听觉都很敏锐，在觅食时它们多迎风而立，这样便于嗅到敌兽的气味，以便采取自卫行动或逃跑。一旦听到响动，它们就停止觅食和嬉戏，静听动静，如果确认有敌情，就立即迅速奔逃。一般情况下，公鹿单独居住，母鹿与未成年幼鹿结群生活。

从分布面来看，野生的梅花鹿在我国分布得比较广，东北、华北、华东、中南地区都曾发现过梅花鹿的栖息地。但是，目前华北的

梅花鹿已经绝迹；在华东，仅江西彭泽县的桃花岭，估计还有百头左右；原来东北、中南产鹿数量较多，但是现在野生梅花鹿的数量也少得可怜了。因此，梅花鹿甚是珍稀。幸运的是，70 年代初，在四川、甘肃的交界处又发现了一群野生梅花鹿，但数量也只在一二百头。这是梅花鹿的一个新发现的亚种。这一亚种梅花鹿，为我国所特有。在其他国家不仅没有分布，即使在那里的动物园中，也从来没有展出过。

梅花鹿的珍贵，不仅因为稀少，更与它浑身是宝密切相关，尤其是那享誉全球的鹿茸。除了鹿茸以外，梅花鹿的鹿鞭、鹿胎、鹿血、鹿筋、鹿尾都有药物功能。鹿肉能壮体，鹿皮能制成名贵的鹿革，有很高的经济价值，不过现在用以制药、制革的原料，都来自人工饲养的梅花鹿。真正的野生梅花鹿，已被列为国家一级保护野生动物，严格禁止捕猎，更不允许捕杀。为了野生梅花鹿的繁殖，国家也已划定了一些野生梅花鹿的自然保护区。

丹顶鹤

丹顶鹤是世界著名的珍贵鸟类，身体高大，直立时1.5米左右，体长1.4～1.5米，体重10～12千克。雌鹤略小一些。由于它头顶皮肤裸露无羽，且突出呈朱红色，故此称它为丹顶鹤。黑颈鹤头顶的

朱红色没有丹顶鹤的显红，也没有那么突出、那么大。黑颈鹤的头上，有长长的呈淡灰绿色喙。全身体羽大都呈雪白的颜色，只有它的面颊、喉和大部分的颈部为黑色，此外两翅的飞羽不仅黑而且发亮。翅羽收羽时复盖在白色的短尾上面，因此有人误以为丹顶鹤的尾羽为黑色，其实并不是这样。知情的人把丹顶鹤的体表颜色描写为"白尾、黑瓴、丹顶、绿喙"，这才是正确的说法。它还有两条呈钻黑色

的长可及尺的纤细的双腿。因此，在人们看到它时，会觉得它亭亭玉立，身姿秀丽。

丹顶鹤主要栖息于芦苇荡的沼泽地区、湖泊河流边的浅水中、水草繁茂的有水湿地。在它的栖息地通常有较高的芦苇等挺水植物，这样有利于它隐蔽。丹顶鹤一般以鱼、虾、昆虫类、蛙类等为食，有时它们也吃禾本科植物的根、茎、叶、嫩芽等。因此丹顶鹤属于杂食性动物，它的食性面广，饲养起来也较为容易。丹顶鹤喜欢群体生活，往往3～4只以家族的方式一起涉水、觅食等。当然，它们有时候也会成双成对地一起活动。

丹顶鹤是一种典型的候鸟。调查资料显示，东北的松嫩平原以东

至黑龙江下游、乌苏里江流域的低地沼泽是我国丹顶鹤的繁殖区。我国在东北的扎龙地区建立了以丹顶鹤为主的第一个水禽综合自然保护区。在保护区内，由于饲养人员的精心管理，野生的丹顶鹤已不南飞越冬，反而定居下来了。此后，我国又陆续在吉林省建立了莫莫格自然保护区、向海自然保护区，还在辽宁省建立了双台子河口自然保护区，安徽省建立了升金湖自然保护区。丹顶鹤是世界珍禽，被我国列为一级保护鸟类。

动物小百科

关于鹤的记载

《广韵》："鹤，似鹄长喙。"

《诗·小雅·鹤鸣》："鹤鸣于九皋。"

《楚辞·刘向·九叹·远游》："腾群鹤于瑶光。"

《三国演义》："先主见李意鹤发童颜，碧眼方瞳，灼灼有光。"

《元曲选·举案齐眉》："休错认做蛙鸣井底，鹤立鸡群。"

《代鹤》："我本海上鹤，偶逢江南客。"

《鹤媒歌》："盘空野鹤忽然下，背翳见媒心不疑。"

《别鹤曲》："主人一去池水绝，池鹤散飞不相别。"

《晓鹤》："晓鹤弹古舌，婆罗门叫音。"

《感鹤》："鹤有不群者，飞飞在野田。"

《题笼鹤》："莫笑笼中鹤，相看去几何。"

第三章

畅谈奇趣的动物

　　大千世界，无奇不有。动物的世界里更是千姿百态，让人眼花缭乱。有趣味十足的鱼：会"钓鱼"的角鱼、体内有着奇特电器官的南美电鳗鱼、号称"活水枪"和"神枪手"的射水鱼、鱼类中有名的"建筑师"三棘刺鱼、专吃凶猛鲨鱼类的小鱼、南美亚马逊河

令人恐惧万分的食人鲳鱼、令人神往的美人鱼等；有功能各异的鸟：会哺乳育婴的"皇帝企鹅"鸟、会用劳动工具的"啄木燕雀"、能够穿针引线来缝制自己巢穴的"缝叶鸟"、叫声奇特似猫的"猫声鸟"、尼加拉瓜会灭火的"灭火鸟"、会点灯的"巴耶鸟"、会洒云喷雾的"喷雾鸟"、拔毛筑窝的绵凫鸟等；有奇特万分的蛇：尾巴像盾牌的"盾尾蛇"、果色蛇、全身赤红似火的"蜡烛蛇"、神奇的"撒粉蛇"、颜色时常变化的"变色蛇"、能凌空滑翔的"飞蛇"等；有令人称奇的蚁：掠夺奴隶的"蓄奴蚁"、酗酒的蚂蚁、吃蛇的蚂蚁、帮鸟洗澡的蚂蚁、保护树木的蚂蚁等；有种类繁多的蜘蛛：能捕鸟的蜘蛛、会唱歌的蜘蛛、守商店的蜘蛛、编窗帘的蜘蛛、"陷阱门"蜘蛛、不会结网的蜘蛛等。这一章就让我们一起来聆听动物界的奇闻趣事。

趣味十足的鱼

鱼类是最古老的脊椎动物。它们几乎栖居于地球上所有的水生环境：湖泊、河流、大海和大洋。世界上现存已发现的鱼类约26000种，其中海洋中生活的鱼类占三分之二，其余的生活在淡水中。鱼是一种水生的冷血脊椎动物，用鳃呼吸，具有颚和鳍。现存鱼类主要分为软骨鱼类和硬骨鱼类两种。另外也有数种已绝种的鱼类。鱼，相伴人类走过了5000多年的岁月，已日益成为人类日常生活中极为重要的食品与观赏宠物。接下来，就让我们一起走进让人眼花缭乱的鱼类世界。

◎ "缘木可求"的鱼

我国南部海岸有一种"缘木可求"的弹涂鱼，这种鱼是水陆两栖动物，会爬树，又称"泥猴"或"跳跳鱼"。除了此地，西非和太平洋的热带海岸也有这种鱼。它们经常从海水中跳到平坦的沙滩或潮湿的低洼地上。弹涂鱼的胸鳍基部长而粗壮，有点像陆地动物的前肢。事实上，它的胸鳍不仅仅是游泳器，而且能够起到支撑器的作用。它依靠臂状胸鳍的支持、身体的弹跳力和尾部的推动，得以在沙滩上跳动和匍匐爬行，有时还能爬到海边的树枝上。更让人觉得有趣是，这种鱼虽然不能长期离开水生活，但是也已习惯于陆地生活。除此之外，它们还具有猎取陆生昆虫和甲壳类动物的本领。弹涂鱼主要依靠鳃在水中呼吸空气，除了鳃以外，还依靠皮肤来帮助呼吸。由这种鱼我们可以推断，生命进化的过程，的确是从水生渐渐进化到陆生的，它为生命进化提供了一个极为有力的证据。

◎ 能发电的鱼

南美有一种叫电鳗的大型鱼，它的外形像蛇，体长2米多，重达20多千克。电鳗通常情况下会一动不动地躺在水底，偶尔也会浮出

水面。电鳗会发电，能把小虾、鱼

儿和蛙等电死，然后美美的吃上一餐。当它遭到袭击的时候，会立即放出电来，击退敌害的进攻。电鳗不仅利用放电来寻找食物和对付敌害，还利用放电在水中进行通信导航。有人通过观察发现，当雄电鳗接近雌电鳗时，电流的强度会发生变化，估计是它们是对彼此打招呼。其实，放电的本领并不是只有电鳗才有。在世界各地的海洋和淡水中，能放电的鱼有500多种，像电鲟、电鳐、电鲤、电鲶等。人们统称这些鱼为"电鱼"。据说有一种非洲电鲶，能产生350伏的电压，可以击死小鱼或者将人畜击

昏；北大西洋的巨鳐，一次放电能点亮30个100瓦的灯泡；而南美洲电鳗，能产生高达880伏的电压，被称为"电击冠军"。

科学家经过仔细的解剖研究和实验发现，在电鱼体内有一种奇特的电器官。各种电鱼电器官的位置和形状都不尽相同。电鳗的电器官分布在尾部脊椎两侧的肌肉中，呈长棱形；电鳐的电器官排列在身体两侧，像两个扁平的肾脏，里面是由六角柱体细胞组成的蜂窝状结构，这就是电板。电鳐的两个电器官中共有200万块电板，电鲶电器官中的电板则高达500万块。在神经系统的控制下，电器官便放出电来。单个电板产生的电压很微弱，但电板很多的话，产生的电压就相当可观了。

说到电鳗和电鳐，还有一件有趣的事，世界上最早、最简单的电池——伏打电池，就是19世纪初意大利物理学家伏打根据电鳐和电鳗的电器官设计出来的。最初，伏打把一个铜片和一个锌片插在盐水中，制成了直流电池，但是这种电池产生的电流非常微弱。后来，他模仿电鱼的电器官，把许多铜片、盐水浸泡过的纸片和锌片交替叠在一起，才得到了功率比较大的直流

电池。研究电鱼，还可以给人们带来很多好处。举例来说，一

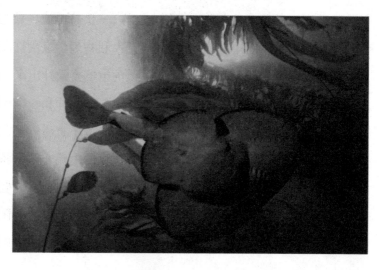

旦我们能成功地模仿电鱼的电器官在海水中发出电来，那么便能很好的解决船舶和潜水艇的动力问题。一些科学家打算模仿电鱼的发电机理，创造新的通信仪器。在这方面，电鳗

可以提供宝贵的启示。

除了电鳗和电鳐外，还有一种奇特的电鱼，它就是生活在非洲中部河湖中的象鼻鱼。象鼻鱼的鼻子特别长，有点像大象鼻子，因此人们就叫它象鼻鱼，这种鱼的电器官在尾部，它的背上有一个能接收电波的东西，如同雷达的天线一样。当敌害逼近到一定距离时，反射回来的电磁波会被象鼻鱼背部的电波接收器接收到，接收器就会发出敌情警报。这时，象鼻鱼便可溜之大吉。

动物小百科

关于淡水电鳗的传说

　　据到达美洲的第一批西班牙人说，在南美大陆的丛林中，有一片极为富饶的地区，那里的树木上全是纯金。为了寻找这个天然宝库，西班牙人迪希卡率领了一支探险队，沿亚马逊河逆流而上，来到一大片沼泽地的边缘。时值旱季，沼泽几乎干涸了，只有远处的几个小水塘在中午的阳光下闪烁着。

　　探险队迅速来到了小水塘边。这时，探险队雇佣的印第安人大惊失色，眼中充满恐惧的神情，不愿意从很浅的池水里走过去。于是，迪希卡命令一位西班牙士兵从池水里走过，做个样子给印第安人看看。这位士兵在接到命令后，满不在乎地向水中走去。可是，才走了几步远，他就大叫一声倒在地上，好像被谁重重地打了一下似的。他的两个伙伴冲上前去救他，也同样被看不见的敌人打倒在地，躺在泥水之中。士兵们全都不敢再上前去，直到几个小时以后，见水中不再有任何动静以后，士兵们才小心翼翼地走到水里，把那3个躺在泥水之中的同伴救了出来，可是，这时他们3人的脚都已麻痹了。后来，人们才知道，这个看不见的敌人原来是淡水电鳗。

◎会"钓鱼"的鱼

你听说过会"钓"鱼的鱼吗？大家听到这个问题后，一定会觉得不可思议，认为是有人在瞎编乱造。事实上，这种会钓鱼的古怪鱼是真实存在的，它就生活在深海中，名字叫"角鱼"。它头上长着引诱须，就像我们人类手中的钓鱼杆，而须的顶端有一种最讨其他鱼喜欢的发光的诱饵。发光诱饵实际上是一种发光的腺体，它能分泌出颗粒状的东西，里面有许多发光的细菌。就是它分泌出的液体养活了这种发光的细菌，而细菌发光又能帮助它捕到小鱼。于是，角鱼和发光细菌就过着共栖的生活。但是，这种发光腺只有雌性的角鱼才有，雄鱼引诱须的顶端 是没有发光腺的。角鱼的引诱须并不都是一样的，有的短而粗，有的则细而长。不同的角鱼发光的颜色也不同，有紫橙色、黄色、蓝绿色等。由于深海暗淡无光，当它们连续地发出闪烁的光芒时，就引起周围鱼、甲壳动物的注意和兴趣，并冲向闪光，从而落入鱼腹之中。

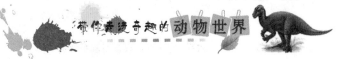

角鱼的外形，为它的"垂钓"提供了方便。它身体 的背面是褐色，并有许多突起的小东西，显得与周围环境很相似，因此别的动物很难发现。它还长有一个宽度有它身体的

1/4 长的嘴巴，里面长着非常尖利的牙齿。

可惜的是，这种鱼游泳的本领却不高，它只能在深暗的海洋里慢慢地滑行，一路上，它不时把引诱须向前伸出，闪烁的诱饵受肌肉的牵引而不时地抖动，用它的测线器官探测周围捕获物的动静。由于角鱼的这种动作，往往会使一条迎光扑来的鱼掉进它的陷阱，从而用嘴巴去试探这种发光的诱饵。这一接触，就惊动了角鱼，它就马上发出一连串的捕食动作。它会突然把引诱须抬向后，张开血盆大口，把猎物轻而易举地吞入宽敞

的口腔之中。角鱼这种"不劳而获"的本领，比我们人类钓鱼要高明多了。

◎ 用嘴孵育后代的越南鱼

在鱼类中有一种比较奇特的越南鱼，它是用嘴孵育后代。在繁殖期间，越南鱼会将身子贴近池底，然后侧身用劲翻，逐渐挖成一个锅形的窝。雌鱼在窝里产卵，雄的射精在卵上。卵受精后，雌鱼将卵含在口中孵化，在水温 25℃～27℃时，经过 4～5 天的光景，小鱼便可孵化出来。小鱼孵出以后，还可以在雌鱼口中生活大约一星期的

时间。在这段时间里，如果小鱼遇到危险，就会逃到雌鱼口中，这时的雌鱼是不会吃掉小鱼的。但过了这段时间，雌鱼的保护责任结束，它就会将小鱼放出口外，此后如果遇到小鱼，包括它自己生的小鱼在内，统统都会被它吞食下肚。在口中含卵孵化和保护刚孵出的幼鱼，是越南鱼的一种本能。虽然越南鱼每次产卵仅几十粒到几百粒，但由于它的这种本能，使得它们很好地存活了下来。

◎ 会发射水枪的鱼

印度和东南亚一带生活着一种射水鱼，射水鱼号称"神枪

手""活水枪"，也叫水弹鱼。身

长十五六厘米，银白色，扁扁的身体，外表很是一般，但是却具有射水捕食的特异功能。当它游动时，两眼始终警惕地注视水面上空，寻求食物。当它发现苍蝇、蚊子、蜻蜓等昆虫在水面飞掠过，或停在水边草叶、石块上时，便会轻轻地游到离昆虫很近的地方，摆开架子，把头伸出水面，撮尖嘴，坚直身体，把事先准备好的满嘴巴水，对准目标，以极大力气像射箭一样喷射出一股"水弹"，将猎物击中跌落水中，然后它便迅速游过来将其吞下。

居住在澳大利亚等地的人们很喜欢喂养这种鱼,可是有一点需要特别注意,当你观赏它时可得小心点,它会不分青红皂白地乱射一通。在你给它喂食料时,它也会对着你的手喷水射击;如果你俯视鱼缸,那更有危险性了,因为你的眼睛只要眨一下,它就会毫不客气地向你"开枪"射击,把"水弹"击中你的眼睛;如果有客人来访,千万不要在鱼缸边抽烟,那一闪一闪的火光,更会吸引它游过来向香烟射击,并且百分之百地会把客人手中的烟头击灭。

射水鱼喷发"水弹"的命中率如此之高,是因为它口腔构造的特殊,能把大量储存的水迅速形成一串水珠喷出外,除此之外,还和它的眼睛视力特殊有关。射水鱼的眼睛大而突出,可以灵活转动,视网膜又特别发达,一般鱼在空气中看东西是模糊不清的,可射水鱼既能在水中看又能露出水面看。科学家曾经用高速摄影机拍下了射水鱼发射"水弹"动作的照片来进行研究,结果发现太阳光进入水中经折射后,射水鱼在瞄准目标时,能对光线折射造成的位置变化进行复杂的校正,而且使身体变成垂直姿势,从而使发射的"水弹"直线抛出,这就可以克服光线折射时的偏差,确保射击百发百中,真可称得上是一个优秀的射手了。

动物小百科

在热水中生活的鱼

　　1936年夏天，法国有位叫雷普的旅行家，不幸在海上触礁，被海浪卷到千岛群岛的一个多山的火山岛。正当他饥饿难当，准备寻找食物充饥的时候，忽然发现小河里躺着几条鱼，这些鱼全都腹部朝天，看情况

应该是死去多时了。于是，他把鱼捞了上来，拿出身边仅存的炊具准备煮鱼汤。烧了一会儿，饥饿难耐的雷普就迫不及待地揭开锅盖来看，结果把他吓了一跳，原来的死鱼竟然全都变成了活鱼，正悠然自得地在他的锅中游着。为什么会有这样的怪事呢？这位旅行家感到迷惑不解。

　　后来，经过人们调查研究，才知道这岛原是一个巨大的古火山口，这些怪鱼原本生活在被火山岩烫热的一个小湖沼里。当年，它们的祖先就是这次火山爆发的幸存者。据测定，这湖里的水温高达63℃，一般的鱼根本无法在这样的环境里生存。只有这种热水鱼才能很好地生活。更让人惊奇的是：由于它们已经适应了热水，一旦落到凉水里，就会立即被冻死。

　　在自然环境里，热水鱼是非常罕见的，除了上面说到的地方，在贝加尔湖附近的温泉、加利福尼亚的某条河里，也偶尔可以见到热水鱼的身影，那里的水温一般在45℃～55℃。看来，生物所能适应的温度范围远远超过了我们的想象。

◎ 能跳高的鱼和飞翔的鱼

　　鳅鱼是鱼类的"跳高"冠军，它最高能跳离水面6米，比人们撑竿跳的一般记录还高。目前世界上发现的鳅属仅有两种类别，按其体型分为大小两种，分布较广，我国南海常有它的踪迹。鳅鱼常在上层海面活动，便于随时跃出水面捕食。这种鱼的跳高动作主要依靠巨大而强有力的鳍拍打水面来完成，它们跳高的本领是长期在捕食飞鱼的过程中锻炼出来的，因为飞鱼是它最爱吃的食物。

　　讲到飞鱼，本领也不小，它胸前有两个能展开的鳍，好像鸟的两个翅膀。当它遇到鳅鱼追赶时，便以极快的速度冲出水面，长而有

力的尾柄和尾鳍下叶猛击水面，使鱼身腾空而起，并立即展开宽大的

就像"双翅"一样的胸鳍在海面滑翔，平均每秒能滑翔18米远，高度可达8~10米，最远距离可滑翔到300米甚至更远一些。所以鳅鱼要捕捉飞鱼也不容易，于是在生存竞争中发展了跳高的特长，有时候跳得还会比飞鱼飞的还高。

◎ 会建造房子的鱼

　　三棘刺鱼是鱼类中有名的"建筑师"，在它们将成婚立家时，都会事先设计、施工、建筑自己的

"新房"。房子的地基一般选在水

草间或岩石地带的池洼间，要求水的深浅合适，并经常有水流动。地基选好后，它们便开始收集一些水草根茎和其他植物屑片。雄鱼从自己的肾脏中分泌出一种粘液，把这些材料粘结在一起，再用嘴巴咬来咬去，直到咬出窝的形状。为了加固，它又用身上的粘液在房子的内外上下、四面八方涂抹、磨擦、修饰，使表面整齐、光滑。建成的房子，中间空心，略带椭圆形，有两个孔道，一个出口一个进口。这样才算大功告成。然后，这位未来的新郎就

开始找未来的"新娘"了，一旦看中，便会做出一套复杂的求爱动作，把雌鱼引到自己精心建造的房旁，征求"新娘"的意见，如果雌鱼满意，便双双进入"洞房"；如果"新娘"故作姿态不肯进房，"新郎"便会不高兴地竖起背上硬刺逼着"新娘"进去。雌鱼进窝后便产下二三粒卵，然后穿堂而过，雄鱼立即在卵粒上注射精液。第二天，雄鱼又会拉另一条雌鱼产卵婚配，直到房子里充满卵粒为止。然后，这精美的"新房"，就又变成了安全又舒适的育儿室。

鱼类中还有另一个会营造房屋的章鱼，它们生活在海底，身上有很多长长的触手。章鱼喜欢在每次吃饱之后，安静地睡上一大觉。为了不受打扰，它就必须为自己建造睡窝。它用触手搬运石料，一次能

除了上面讲到的三棘刺鱼和章鱼外，还有一种会建造像竹筒似的房屋的鱼，这种鱼叫钻洞鱼。它们生活在大西洋西部深海底，身长大约1米，身上有黄斑，尾巴蓝色，色彩美丽。它的特长是钻洞，只

搬四五千克石头，垒起围墙后，再找来一块平整的石片做屋顶，于是它便可以钻进自己建好的小屋睡大觉了。为了防备敌害，它让两只专司保卫职责的触手伸出室外"站岗放哨"。一旦有敌害侵入，章鱼便会醒来，或是选择应战或是选择弃屋逃跑。

要遇上大鱼追赶或渔人捕捉时，它便能迅速而灵敏地钻进洞里。它的洞就是自己造的窝，它找来植物碎片、小石块等，然后用嘴里分泌的粘液，把它们一片片地粘连成圆筒状，围在身子周围，洞口小，便于躲藏，平时行走时可以随身带着，非常方便实用。

◎ 会击剑和刺杀的鱼

剑鱼生活在印度洋等热带海域中，异常凶猛，长约3米，上颌突出形成长而扁平、坚硬的"剑"，因此称为"剑鱼"。"剑鱼"游动迅速，在海里横冲直撞，连鲨鱼也很惧怕它。剑鱼攻击鲸类时，常常飞速地用利剑般的长嘴直刺鲸的要害；它对待小鱼则用剑嘴左劈右砍，然后把死伤的小鱼吃掉。据说，英国的一条特里拿脱号船，在从伦敦到斯里兰卡的航行中，船底竟被剑鱼刺穿了一个洞，由于抢救及时才避免了沉船。这条船的船身包着厚厚的铁皮，剑鱼居然能刺破它，足见剑鱼攻击力的凶猛。

鳜鱼，是味美上乘的一种淡水鱼，周身银灰色带有黑块状花斑，身长60厘米左右，背上有锋利如刀的背鳍。它也善于操起"背刀"捕食别的鱼来充饥。和剑鱼不同的是，鳜鱼很有计谋。它诱捕水蛇的本领堪称一绝。在春末至秋季的漫长时间里，鳜鱼通常栖息在大石附近，并且一动不动地装死侧身浮躺在水面。当蛇发现它的时候，就会立即游近它的身边，并把它缠住，当蛇把鳜鱼越缠越紧时，鳜鱼会突然用足全身力量张开背上刀一样的背鳍，同时迅速扭动旋转身体。不会一会儿，蛇的肚腹等处就会被划开一道很深的口子，蛇痛得便不得不潜入水底，可鳜鱼是绝不会放过这美餐的，它紧追不舍，将受了重伤的蛇咬死，然后吃掉。

还有一种满身长刺就像刺猬似的鱼，叫刺钝。全身卵圆形，体长仅10厘米，遍体生着粗棘，每根棘又生有两三根棘根，这些都是由鳞片演变成的。它的嘴很小，上下颌的牙齿都连在一起，尾鳍像把扇子。当它遇到威胁时，便急忙升到海面吸足空气，膨胀成一只滚圆的刺球，每个针棘都竖了起来，并滚动着游过去向前来威胁它的大鱼猛扎一通，往往

会吓得大鱼逃之夭夭。通常，刺钝也用这种方法来捕食小鱼。

◎ 吃大鱼的小鱼

硬颚毒鱼，通常被称为鲨鱼的克星。提到鲨鱼，大家可能都会觉得非常恐惧。最大的鲨鱼有 20 多米长，一口能吞食几十至几百条小鱼，甚至有的鲨鱼还吃人。但是如此令人恐惧的鲨鱼却极怕这小小的硬颚毒鱼。这种鱼身体短粗，背扁腹圆，外皮松弛，除了口缘和尾部之外，满身长有尖锐的棘刺。它吸足空气之后，身体便能鼓成一个圆球，原来倒伏的棘刺立即笔直地竖立起来，变成一根根锋利的尖刺。

当大鲨鱼大口吞食鱼群时，硬颚毒鱼便趁机混进鲨鱼的大肚皮里，之后它便运足力气，全身鼓圆，把满身棘刺向鲨鱼胃四周乱撞乱扎。不一会儿，鲨鱼的胃就会被刺穿，接着两肋的肉也被硬颚毒鱼啃得血肉模糊。等到硬颚毒鱼钻出来时，鲨鱼也就命丧黄泉了。

旋子鱼，生活在希腊的可那伊

河里，它在水里会像旋子一样呈"S"形螺旋式前进。它有一个尖硬的嘴，小鱼碰上它，会被旋得稀烂，马上成了它的美餐。大鱼遇上它，也会被它的硬嘴巴旋得千疮百孔，悲惨死去。如果大鱼吞下了它，那更是大祸临头了。旋子鱼就在鱼肚里到处乱钻乱旋，把大鱼的

内脏吃去许多而使大鱼死去。但旋子鱼也不是无敌的，它最怕河蚌，如果它的硬尖嘴被河蚌壳夹住，即使它拼命旋转嘴巴也无法脱身，最终成了河蚌的食物。

盲鳗，生活在我国青岛附近的海里，它也是一种专吃大鱼的小鱼。由于它长期在大鱼肚子里生活，致使其双眼退化并最终失明。它的样子像鳗鱼，前面是圆棍状，后面是扁圆的尾巴，灰黑的颜色，肚子下方是灰白色，长约20～25厘米，嘴上有个小吸盘，口盖上长着锐利的像挫刀似的牙齿，舌头也强

而有力，伸缩灵活。它先吸附到大鱼身上，然后从大鱼的鳃部钻进腹内，吞吃大鱼的内脏和肌肉，一边吃一边排泄，直到把大鱼吃光为止。令人吃惊的是，它每小时吞吃的东西，竟然是它自身体重的两倍半。

猛鲑鱼，生长在南美洲，这种鱼个字很小，身长不过30厘米，但是它却能吃掉凶猛的大鳄鱼。大家知道，鳄鱼可以吞下一头小猪，可是当它遇到这种猛鲑鱼时，也只能甘拜下风。猛鲑的颚骨力量奇大，一口可以咬断钢制鱼钩，因此人们也称它"锯齿鱼"。它们常常合群出游觅食，一旦碰上一条大鳄鱼，它们便会一拥而上用利齿咬住鳄鱼不放，不一会儿，

几百条猛鲑就可以把巨鳄吃个精光，连骨头也不剩。因此，只有有猛鲑鱼的地方，河流里很难有别的鱼类可以生存。

◎ 食人鱼

南美亚马逊河有一种食人鲳鱼，这种鱼体表面有黑色小斑点，腹部呈橙黄色，腹鳍也是黄色，异常美丽。可是它的牙齿却像锯齿般锋利，任何肉类都可咬掉吞食。在原产地，无论怎样巨大的动物，只要涉水而过，都会被食人鲳群起袭击，一旦被其咬伤，便会因流血过多而失去支持力量，陷入水底被淹死。当它的尸体还未全部沉入水底之前，食人鲳就已经把它的皮肉

撕成一块块，吃个精光，只剩下

骨骼。

南美洲奥里诺科河口有一种名叫比拉鱼的杀人鱼。它貌不惊人，仅有巴掌大小，乍看上去倒有几分温驯，可是它专门成群结队地袭击人和其他动物。一条海豚，如果很不幸地被比拉鱼发现，就会在倾刻之间被几十条甚至上千条比拉鱼用锐利的牙齿撕咬，几分钟后就把它吃个精光。比拉鱼吃人时也有它独特的方法，它先用牙齿把人咬伤，流出的鲜血会招来一大群食人鱼，这些食人鱼把受伤的人层层围住，紧吃不放，直到只剩下一副骨架，才心满意足地离去。当地印第安人有利用比拉鱼嗜食人的习惯，在人死后会对人进行"鱼葬"。

在欧洲，有一种食人鱼更是胆大妄为。由于欧洲人不吃鲶鱼，使鲶鱼得以大量繁殖，初时偷鸭吞鹅，后来竟吃玩耍的孩子。有一位渔民奋力杀死一条鲶鱼，发现其腹

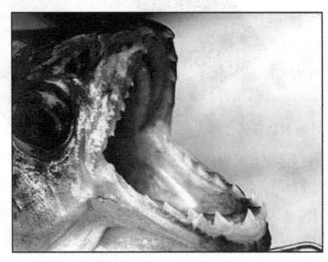

内有女人的残骸和她的钱袋。

非洲几内亚湾有一种颌针鱼，这种鱼大约33厘米长左右，身体呈流线型，它能突然从水中蹿起，把10厘米长的骨质尖嘴刺向人的胸膛。据统计，颌针鱼在一个月内能杀死了20多人。

我国南海有一种鲉类鱼，是一种美丽的"杀人"天使。它体态优美，颜色俏丽，摆动着布满条纹的躯体，张开颜色斑斓的鳍，看上去就像一艘披红挂彩的"小船"。"小船"上长有18根毒刺，如果有人不小心被它的毒刺刺一下，轻者疼痛难忍，重者失去知觉，甚至丧命。

◎ 性别一日发变的鱼

在加勒比海和美国佛罗里达海域有一种蓝条石斑鱼，它的性别一天内可以变更数次。一对婚配的蓝条石斑鱼在产卵的时候，其中一条先充当雌鱼，产下鱼卵，而另一条则充当雄性。之后，它们的性别互相改变，原来充当雌性的变为雄性放射精子。据生物学家的研究，蓝条石斑鱼一天之内能五次变性。

在红海里有一种叫"鮋"的雌雄互变的鱼，它喜欢集体生活，"首领"是鱼群中唯一的一条雄鱼，体大强壮。当它衰弱到不能控制所带的雌鱼群时，鱼群中就会有一条雌鱼变成雄鱼，并和原来的那条雄鱼争夺"王位"，占有它的"妃子"。

在印度洋里还有一种和海葵共生的鱼类，它们的"首领"是一条体大的雌鱼，这个"首领"经常率领一些小的雄鱼和更多的幼鱼在热带的珊瑚礁附近来回游动。有趣的是，这条最大最老的雌鱼还会率

雌膳产过一次卵之后，就会变成雄性。科学上把这种奇异的生理变态现象称之为"性反转"。

让人惊奇的是，人类还可以根据自己的需要，用人工的方法使鱼类变性。比如非洲的鲫鱼，肉多味美，而且营养价值很高。但是，在自然的环境中雌的多，雄的少，而且雌的生长慢，体形小。为了提高这种鱼的食用和经济价值，在　鱼苗孵出不久，往水中　　施放小剂量　　的荷尔蒙药剂，数周后雌鱼就能变成雄鱼，从而大大增加了鱼的产量。

领那些小一点的雄鱼不断地攻击幼鱼，破坏它们的性发育，防止它们的性成熟。一旦这个鱼群中的"女皇"遭遇不测，雄鱼中最大的一条，便会在两个月内变成雌鱼来继承王位。

在太平洋中有一种鳝鱼也是身兼两种性别，它们在一生中会经过雌雄两种性别的发育过程。从幼鳝到成鳝，属于雌性的黄鳝，成鳝有产卵的本领。可是，在

◎ 会发光的"哈蟆鱼"

"哈蟆鱼"的头部有一个又细又长的杆状器官，顶端上能发射

淡蓝色的光，一般生活在深海底。因此，在海底黑暗的世界里，它头顶发出的光亮就像一盏小灯。"哈蟆鱼"每条达几十斤重，非常不爱运动，即使捕获食物时也不挪动地方，而是张嘴等食物自己送上门来。一些小动物会因为好奇而向它发出的亮光围拢，结果还没等靠近"灯光"，就被它张着的大嘴一口吞食下去。

"蛤蟆鱼"头顶上的小灯之所以发光，是因为它的杆状器官里寄生着一种发光细菌，在这种细菌内

含有荧光素和荧光酶，荧光素可以和氧气发生化学反应生成氧化荧光素，荧光酶在其中起着催化作用。在产生氧化反应的同时放出能量，就产生了光。发光细菌靠着不断发光的本领，使得"哈蟆鱼"不费吹灰之力就可以获得食物。

功能各异的鸟

鸟是脊椎动物的一类，温血卵生，用肺呼吸，几乎全身有羽毛，后肢能行走，前肢变为翅，大多数能飞。鸟类种类繁多，分布全球。在脊椎动物中仅次于鱼类。目前全世界为人所知的鸟类一共有9000多种，光中国就记录有1300多种。鸟的食物也是多种多样，包括花蜜、种子、昆虫、鱼、腐肉或其他鸟。在自然界，鸟是所有脊椎动物中外形最美丽，声音最悦耳的一种动物，一直以来都深受人们的喜爱。接下来，就让我们一起走进功能各异的鸟的世界。

◎ 缝叶鸟

在我国的云南、广西南部一些地区，有一种奇特的鸟叫"缝叶鸟"。它身长只有10~13厘米，能够穿针引线来缝制它自己的窝。它有着尖尖的嘴、丰满的胸部、长长而翘起的尾巴、纤巧而细长的腿，使人觉得非常玲珑可爱。缝叶鸟全身的毛色也是极美的：头是棕红色，眼圈呈浅黄色，上身是橄榄绿色，下身是浅棕色。"缝叶鸟"的性情非常活泼，整天在充满阳光的树林、

花丛中飞个不停，跳个不停，叫声清脆悦耳。它大概知道人们喜爱

它，所以总喜欢飞近人们的住宅和人接近。而且它只吃昆虫，不吃粮食，可以说是人类的好朋友。

最使人觉得惊奇和有趣的地方，要数它做窝的技术。它的窝和其它鸟类不同，不是做在树枝之上，而是做在树枝之下，也可以说，就是挂在树枝上的。为什么这么说呢？因为它们的窝是利用大树上几片下垂的叶子做的。每年夏季的时候，它们就选好树叶子，以自己的尖嘴作针，再寻找一些植物纤维或野蚕丝作线，把

叶子缝在一起。缝的时候，用双脚抓住叶子，用嘴穿孔，那样子很是有趣。缝完之后，它还知道在收尾的地方打个结以防止以后脱线。缝好的窝就像一个口袋，中间铺上柔软的叶子和羽毛，十分舒适温暖。对这种奇特的鸟，人们非常感兴趣，有人曾经把它们的窝取下来观察过，发现那窝缝织得非常细密整齐，恐怕比有些人的缝纫技术还要高明许多。因此，称它为动物界的缝纫能手绝不言过其实。

◎ 猫声鸟

在北美洲和墨西哥一带有一种以叫声而得名的猫声鸟，它体形较瘦，通常在路旁绿荫下的野蔷薇丛

造巢。平时以樱桃、草莓、桑椹等果实为食，更多的时候捕食蚱蜢、毛虫、飞蛾、甲虫、苍蝇和蜘蛛等。实际上，猫声鸟是一种很文雅的鸟，它们常常躲在枝头上歌唱，歌声甚至可以同画眉鸟媲美。它们只是偶尔改变音调，发出"喵呜，喵呜"的猫叫声。在猫声鸟育雏期间，邻居的同类鸟儿如果遭到敌人侵害搔扰，所有的猫声鸟会一起自动发出高亢和愤怒的猫叫声，使敌人受惊，闻声而逃。猫声鸟具有极强的团结友爱精神。雌鸟除对自己的雏鸟尽心爱抚之外，如果同伴中的一只母鸟死去了，其他的猫声鸟

会主动地哺育那些失去妈妈的雏鸟，直到它们羽翼丰满、能独立生

活为止。猫声鸟是一种益鸟，大多

数时间会为农民捕食害虫，猫声鸟的食量惊人，每顿可以吃下30多只蚱蜢。猫声鸟是候鸟，冬天来临时。它会飞往中美、南美洲和西印度群岛一带去越冬。直到第二午的春天，它才会又飞回北美洲和墨西哥繁育后代。

◎ 植树鸟

秘鲁首都利马的北部曾经有一片荒芜的土地，后来变成了大片大片的树林。让人惊奇的是，这些树林的种植者，并不是人类，而是一群叫"卡西亚"的鸟儿。卡西亚形似乌鸦，身上长着黑黑的羽毛，

白色的脑袋上有着长长的嘴巴，与乌鸦不同的是，它的叫声要好听得多。"卡西亚"非常喜欢吃当地生长的一种甜柳树的叶子。它们在啄食甜柳树之前，总是先咬断树的嫩枝，衔着枝叶飞到地上，再用嘴在地上挖个洞眼，将嫩枝插进洞里，最后再慢慢地啄食树叶。由于甜柳树枝被插进土壤里很容易生长，很快就扎根滋长起来了。几个月以后，甜柳枝就长成了小树。因为卡西亚这种鸟儿喜欢成群地聚在一起啄食甜树叶，一起插枝，时间久了，自然而然地就栽植了大片的树林。

除了"卡西亚"，还有一种会植树的坚鸟。它有一套奇特的贮粮方法。每年越冬前，坚鸟会携带"粮食"，寻找两棵树的中间位置，并以其为基点，每向前走40厘米，埋下大约二三十颗橡子，一堆堆地埋藏。还有的鸟以一根树干为基准，在离树干2.8米处先埋下第一堆橡子，然后再一堆堆地埋藏。这种贮藏方式很有规律，而且今后取食的时候也很方便。春天到来的时候，埋在地下的橡子发了芽，这时候坚鸟会来到这个贮粮所，将它们一个个地刨出来，用嘴衔回巢内。这些发芽的橡子，只是坚鸟委托大自然为自己儿女加工的食粮。因为，橡子的硬壳不易咬开，而发芽了的橡子对小鸟来说，不但容易消化，而且极富有营养。那些吃不完的橡子留在地下发芽生长，就变成了一棵棵小树。

动物小百科

世界鸟类之最

跑得最快的鸟：鸵鸟。

游水最快的鸟：巴布亚企鹅。

最小的鸟：麦粒鸟。

体形最大的鸟：非洲鸵鸟。

翼展最宽的鸟：漂泊信天翁。

最大的飞鸟：柯利鸟。

最重的飞鸟：大鸨。

最小的猛禽：婆罗洲隼。

羽毛最多的鸟：天鹅。

羽毛最少的鸟：蜂鸟。

羽毛最长的鸟：天堂大丽鹃。

寿命最长的鸟：亚马逊鹦鹉。

飞行速度最快的鸟：尖尾雨燕。

冲刺速度最快的鸟：游隼。

飞得最慢的鸟：小丘鹬。

振翅频率最高的鸟：角蜂鸟。

振翅频率最慢的鸟：大秃鹫。

飞行最高的鸟：大天鹅和高山兀鹫。

飞行最远的鸟：北极燕鸥。

最凶猛的鸟：安第斯兀鹰。

嘴峰最长的鸟：巨嘴鸟。

学话最多的鸟：非洲灰鹦鹉。

最擅长效鸣的鸟：湿地苇莺。

窝卵数最多的鸟：灰山鹑。

孵化期最长的鸟：信天翁。

◎ 喜　鹊

大家都知道，喜鹊是一种益鸟，而且极为常见。尤其是在乡村边的大树上，每年春天都会有不

少的喜鹊来做窝。对人们而言，喜鹊最大的贡献就是吃害虫、保护森林。松毛虫对松林的危害最为严重，它能吃光大片的松林。而且松毛虫满身毒毛，鸟儿见了都吓得退避三舍。因此，松毛虫有

恃无恐，更是变本加厉地危害松林。为了对付松毛虫，人们一直在寻找鸟类勇士。后来，人们发现灰喜鹊是位无所畏惧的勇士，它见到松毛虫，就像遇到可口的美味，毫不犹豫地冲上去一口叼住，然后连续不断地摔磨与叼啄，直到松毛虫被折腾得血肉模糊，它才放心地把它吃到肚子里去。灰喜鹊的饭量很是惊人，一天的时间就可以吃掉

上百条松毛虫。据科学家计算，一只灰喜鹊平均每年可以消灭15 000条松毛虫。也就是说，它每年可以保护1～2亩松林不受松毛虫的侵害。

◎ 啄木燕雀

啄木燕雀是一种会使用劳动工具的灰色小鸟，它主要以小昆虫为

食。在觅食时，它用嘴啄树干，接着把耳朵紧贴树干，专心细听，当发现其中有动静时，就把树皮啄穿，找到树洞中的小虫。如果树洞太深，

嘴巴探不到里面，聪明的小鸟会找一根细树枝，衔着树枝的末端，探入洞内，把小虫逼出来。如果细树枝很适用的话，小鸟就会长期把它带在身边。从一棵树飞向另一棵树，找小虫时就暂时把它放在树缝里。如果树枝太长不便于使用的话，经验丰富的小鸟也会想尽办法把它截短，如果树枝上有杈，小鸟还会想方设法把杈折去。啄木燕雀也是目前世界上已发现的唯一会使用"劳动工具"的鸟。

◎ 四翼鸟

在非洲的塞内加尔和冈比亚西部以及扎伊尔南部，有一种世上

罕见的奇禽，这种奇禽叫四翼鸟。四翼鸟与啼鸣悦耳、昼伏夜出的夜莺同属一科，只在黄昏后的黑暗中飞出活动。人们之所以称它"四翼鸟"，有一定的道理。到了交尾期，雄四翼鸟便在每只翅膀上生出一根长长的羽翅。飞行时，这两根羽翅，就像两面旗帜似的，有时高高地竖立在它身体上面，迎风招展；有时又收翼在身后。观察者感到，这只鸟好像有四只翅膀。然而有时会觉得似乎有两只小小的黑鸟尾随其后，紧跟猛赶。尽管四翼鸟头尾全长31毫米，两翼也不过长17毫米，然而它的"羽毛旗"却长达43毫米。让人惊奇的是，一旦交尾期结束，雄四翼鸟就会折断这两根妨碍它展翅高飞的羽翅。有时还可以看到被它咬剩下的长羽毛，秃秃地竖立在它的翅膀上，它们会一直保存到下次换毛。

◎ 会点灯的巴耶鸟

印度有一种会点灯的"巴耶

鸟"。这种鸟鸟巢的壁比较厚，巢内很暗。于是，雄鸟便会飞到附近

的沼泽地衔回很粘的泥土，把它粘到自己的巢壁上。然后再捉来萤火虫，用爪子把萤火虫固定在粘泥土上，使它飞不走。捉的萤火虫多了，鸟巢内就被照得通明。然后，这种鸟又用同样的方法把鸟巢外部也粘上一圈萤火虫，远远望去，整个鸟巢如同一盏闪亮的灯。

◎ 喷雾鸟

　　秘鲁的目不库尔林园有一种会"洒云喷雾"的小鸟，叫"喷雾鸟"。它的腹囊里有一种绿色的液体，这种液体一旦经过鸟的口腔喷出来，便会在空气里蒸发，然后形成一种白雾。每只鸟的腹囊里所含的液体喷上1小时的雾，而且这种液体还是可再生的。每当液体喷射完了，经过十天半个月之后，喷雾鸟又会在腹下液囊里制造出新的液体来。不仅如此，喷雾鸟还曾帮助过自己的国家打过胜仗。据说16世纪初，西班牙殖民军侵占目不库尔，当地居民为了保卫自己的家园和他们展开殊死的搏斗，正当寡不敌众时，林子里忽然飞来一群"喷雾鸟"，对着西班牙殖民军喷出了大片大片的白雾。西班牙殖民军不知道"喷雾鸟"的这种特殊本领，还以为是自己中了埋伏，纷纷后退，目不库尔人一举反击，因此打了一个大胜仗。

◎ 裸体鸟

　　在奥地利克利马地区生活着一种奇特的裸体鸟，它们除了翅膀、头部和爪部生有羽毛外，其余地方全是光秃秃的。在冬天到来之前，它就飞到棉田衔来棉花，放在巢里。而且它细小的皮囊能分泌出一种乳黄色的粘液，只要将这种粘液往它身体一涂，就相当于穿上了一件厚厚的"棉衣"。到了春天，它的皮囊上又会分泌出一种溶液，这种溶液会使身上的棉花迅速浮起，去掉粘附力，从而顺利地脱去这层"棉衣"。

◎ 礼　鸟

非洲的多哥拉斯山上有一种奇

异的小鸟，叫"礼鸟"。这种鸟头尖、身圆、尾长，全身长着漂亮的翠绿色羽毛，非常惹人喜爱。之所以称它"礼鸟"，是因为它常常飞到人们和村庄附近，将嘴里衔的东西投到人们身上或住宅里。投下的东西，不是香甜可口的鲜果，就是香气扑鼻的野花。因此，当地居民一看到礼鸟飞来，就会欢喜地呼唤并迎接它。礼鸟听到人们的呼唤声，也就真的迎声飞来，缓缓落

下，将嘴里衔的东西丢到呼唤者的身上，然后在呼唤者周围玩耍。这时如果呼唤者给它食物，它便会一点都不客气地吃个饱。"礼鸟"的这种习惯是它长期同当地居民友好相处的结果。"礼鸟"的记忆力很强，它经常会到对它友好的人家里去做客。如果有人对它不友好，恐吓它或者妄想捕捉它，它就再也不会到那人家里去做客了。

◎ 琴　鸟

人们常说画眉是大自然的"歌手"，那么"琴鸟"也就可以说是大自然的"音乐舞蹈家"。"琴鸟"产于澳大利亚，是一种大型的

鸣禽。它的嘴尖而大，颈部也较长。有三对发达的鸣管肌，鸣声优

雅，能模仿20多种鸟儿的鸣声，"琴鸟"雄鸟比雌鸟漂亮，身上有16根尾羽，外侧一对特别发达，就像洋琴一样，其余尾羽就像洋琴纤细的琴弦。平时，"琴鸟"的整个尾巴拖在后面，一旦一遇雌鸟，它那琴弦状的尾羽就会高高竖起，一边舞动一遍鸣叫，而且舞姿尤为婀娜。"琴鸟"还有一个特殊的本领，它不但可模仿鸟叫，而且还能模仿自然界中某些动物的声音。

◎ 向导鸟

非洲有一种奇特的"向导"鸟，它可以给迷路的人指引正确的路途。在非洲的山谷里，有时会有旅客迷失方向，饿着肚子寻找出路，这时会有一只褐色的小鸟在旅客的前面飞，每飞一段路就会停下来等待游客，而游客也就抱着希望跟着小鸟前进。小鸟会带着游客飞到一个带有蜂窝的山洞，旅游者只要用火把蜜蜂赶跑，就可吃到香甜的蜂蜜，吃饱以后便可以回到宿营地。在这里要提醒旅游者的是，旅游者吃蜂蜜时一定要给小鸟留下点，否则下次小鸟说不定会将你带到一个令你不愉快的地方。

动物小百科

鸟的歇后语

爱叫的鸟——不做窝

百灵鸟碰到鹦鹉——会唱的遇上会说的

百鸟展翅——各显其能

吃了鸟枪药——火气冲天

痴鸟等湖干——痴心妄想

翅膀长硬的鸟——要飞了

出笼的鸟儿——有去无回

吹火筒打鸟——不是真枪

窜蛇盯小鸟——列奏（逮住）

打鸟没打中——非（飞）也

打鸟人的眼睛——尽往上看

打鸟姿态——睁只眼，闭只眼

奇特万分的蛇

蛇是无足的爬虫类冷血动物的总称。它的身体细长，四肢退化，没有脚，没有能够活动的眼睑，也没有耳孔、四肢，身体表面覆盖有鳞。大部分的蛇是有毒的，但也有很多的蛇没有毒性。蛇大概出现在1.5亿年以前，而毒蛇的出现则要晚许多。它是由无毒蛇进化而来的，大约在2700万年前才出现。就目前来看，世界上的蛇约有3000种，其中毒蛇有600多种。蛇全身是宝：蛇肉鲜美可口，营养丰富；蛇胆、蛇毒、蛇肝、蛇皮、蛇油等都可以入药治病，尤其是蛇

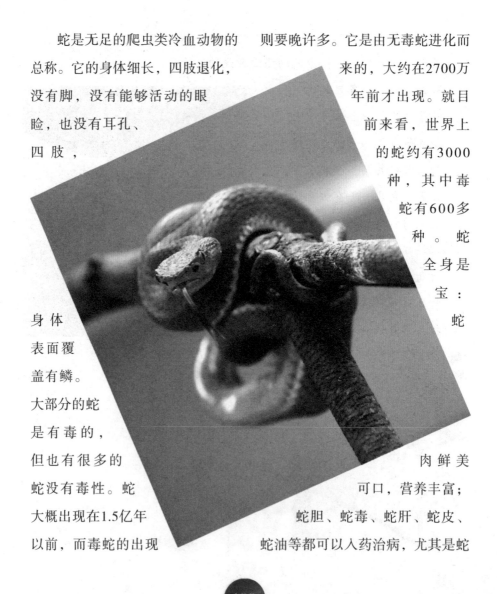

胆，非常名贵，可以驱风除湿、明目益肝；蛇毒更是稀世之宝，远比黄金还贵。

◎ 食牛蛇

中南美洲有一种无毒蛇，巴西人把它称为苏库里蛇，长约几米，

粗如小水桶，身体呈深绿色，背部和腹部两侧分别有一条点状的黑色虚线，头顶有一块像钢盔似的用来保护头部的角质板。这种蛇具有很强的进攻能力，猎羊自不必说，即使是像牛这样的庞然大物对它来说也不在话下。捕食的时候，它先躲在岸边的丛林里，等牛走来时，它突然蹿出来把牛缠住，然后想尽办法拖牛下水。等牛到了水中，蛇就明显占了优势。它将牛越缠越紧，

使牛失去控制能力，不久就被水淹死了，然后它再把牛拖上岸来，揉碎牛骨，把牛变成一根特别的"香肠"，还在"香肠"上涂上一层粘滑的液体。这一切都做好以后，它就开始从牛尾部狂嚼大咽起来。等到它把这根几百斤重的大"香肠"吃下肚子以后，蛇身胀得又粗又大。蛇皮也变得近乎透明，甚至能够隐约看到蛇肚子中的牛骨牛毛。据说它饱餐一顿后，可以睡上好几个月，昏睡中的它失去了一切自卫能力，人们便会在此时捕捉它。它的皮非常珍贵，可以加工成袋子或者鞋子，它的肉也可以供人食用。

◎ 盾尾蛇

　　斯里兰卡有一种非常特别的蛇，因为它的尾巴像盾牌，人们便叫它"盾尾蛇"。这种蛇头尖，尾大而扁平，上面有像鳞甲一样锐利的棘状突起，在它遇到对手的袭击时就会翘起尾巴还击，被它的尾巴击到的对手会觉得如针刺般疼痛。

◎ 果色蛇

　　巴西草原有一种无毒蛇，长约三四尺，头为椭圆形，浑身呈绿色。在它的舌尖上长着如同樱桃形状的圆舌粒，当它伸出舌头时，不少小鸟会误以为是果子而去啄食，

然后丧生在它的口下。

◎ 蜡烛蛇

　　非洲几内亚湾的一个小岛上有

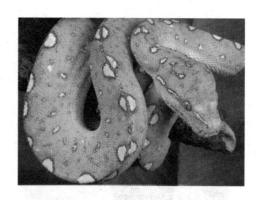

一种非常奇特的蛇，它的全身赤红似火，如同点燃的蜡烛。这种蛇身上含有大量脂肪，尤其是它的舌头含油量非常之高。当地居民经常会捕捉它，除去它的内脏，然后串上纱芯，缚在铁棒上点燃，竟然比煤油灯还亮，一条"蜡烛蛇"可燃点大概三四个晚上呢！

◎ 气功蛇

西班牙的马德里，有一种蛇能承受很大压力，就像练过气功的人一样。它横卧在山路中央，急驶而来的汽车从它身上轧过去后，它竟然可以摇摇脑袋，然后若无其事地爬走。为什么它不会被汽车轧死呢？这是因为它的腹部有一个"吸气囊"，能使吸进的气通遍全身，从而可以使它承受巨大的压力。

◎ 撒粉蛇

马尔加什的岛上有种神奇的蛇叫撒粉蛇，只要是它经过的地方都会有一条银白色的带子，这条带子是它体外脱出的皮干燥后变成的粉末。这种粉末可以帮助它们找回自己的家。撒粉蛇经常会去离窝比较远的一些地方，有时难免会迷路，于是它们就沿途撒下粉末，回去的时候就可以通过这些痕迹找到自己的"家"。

◎ 变色蛇

马达加斯加岛上有一种颜色时常变化的蛇，当地人把它称为拉塔那。这种蛇头小身肥，样子很丑，

喜欢捕食各种害虫和老鼠。它最让人惊奇的地方是它有瞬息万变的本领。当它伸缩在岩石下或盘缠在枯木上时，全身呈褐黑色；当它游到青草丛全身立即会变成青绿色；而把它放在红色土壤上时，它的全身又很快变得像胭脂一样红。

◎飞　蛇

　　在南亚、东南亚地区，还有中国福建、广东、云南等地生活着一种金花蛇，没有毒性。这种蛇的攀援能力极强，能沿着陡岩峭壁笔直地向上爬行；而且它还经常将细长的尾巴缠绕在树枝上，然后以惊人的速度将身体一转，凌空滑翔，顷刻便能飞到另一根树枝上或降落到地面上，因此，它还有个名字叫飞蛇。

令人称奇的蚂蚁

蚂蚁是地球上最常见、数量最多的昆虫。它们在世界各个角落都能存活，原因就在于它们生活在一个非常有组织的群体之中。它们一起工作，一起建筑巢穴，使它们的卵与后代能在其中安全成长。目前，蚂蚁有21亚科283属。体小，一般为0.5～3毫米，颜色有黑、黄、褐、红等，体壁光滑或有毛，上颚较为发达。蚂蚁的外部形态分头、胸、腹三部分，有六条腿。

雄、雌蚁体都比较粗大。腹部肥胖，头、胸棕黄色，腹部前半部棕黄色，后半部棕褐色。雄蚁体长约5.5毫米。雌蚁比雄蚁稍大一些，约为6.2毫米。蚂蚁通常生活在干燥的地区，

它的寿命很长，工蚁可生存几星期至3～7年不等，蚁后则可存活十几年或几十年，甚至有时能达到50多年。下面，就让我们一起来走进蚂蚁的世界。

◎ 吃蛇的蚂蚁

南美洲的热带丛林里有一种食肉游蚁，能向毒蛇发起进攻。当

食肉游蚁碰到在草丛中睡觉的毒蛇时，它们立即一拥而上，把毒蛇团团包围起来，步步紧逼。一旦接触到蛇的身体，一些游蚁就狠狠地咬住不放。等到毒蛇被剧烈的疼痛惊醒之后，便立即开始向四周猛冲猛撞，企图突出重围。但黑压压的蚁群把蛇叮得满身都是，不仅如此，它们还边咬边吞食蛇肉。几个小时过后，地上就只剩下了蛇的骨架。

亚马逊河的岸边有一种"却蚁"，喜欢游行和游猎。虽然它们个儿不大，但是敢攻击大蟒蛇。它们常趁蟒蛇熟睡之际，结成一群一拥而上，用尖利的颚牙拚命的撕咬大蟒蛇的身体。蟒蛇疼痛醒来后，在地上乱滚，试图甩掉"却蚁"。可是"却蚁"紧咬不放，大蟒蛇最终也只能剩下一副庞大的骨架。

新西兰的邦牙岛上也有一种叫"拉纳摩亚林布埃"的黄色蚂蚁，这种蚂蚁也吃蛇。它们除了集体行动进攻蛇类外，还能从嘴里吐出一种含有烈性腐蚀酸的粘液，一旦蛇的身体遇到这种粘液，便皮开肉绽，只能被这种食蛇蚁吃掉。

◎ 掠夺奴隶的蚂蚁

有一种叫做蓄奴蚁的蚂蚁，专门掠夺别的蚂蚁来做自己奴隶。它们先派几个蚂蚁去侦察，当发现

别的蚁巢后，就冲进去杀死守卫的兵蚁，然后再从自己的腹部分泌出一种信息激素。这样一来，大队的蓄奴蚁便蜂拥而来，抢劫蚁蛹。当这些被掠来的蛹孵化成蚁后，由于不认得回家的路，便只能给蓄奴蚁当奴隶。这些被掠来的蚂蚁奴隶专门从事搬运食物、建筑仓库、修巢铺路、挖

掘地道等工作，还有的则在育儿室为主人饲养小蓄奴蚁或孵化掠来的普通蚁蛹。

◎ 酗酒的蚂蚁

同人类一样，蚁类家族中也有贪酒误事害人害己的蚂蚁。有一种名为棕纹蓝眼斑碟的幼虫，能分泌出令蚂蚁垂涎的甜汁。当蚂蚁在路上遇到这种毛虫时，就用触须刺它一下，毛虫被刺后便会假装死掉。于是，蚂蚁立即发出信息激素招来自己的同伴，把这条毛虫拖回蚁穴。所有的蚂蚁都爬上毛虫的躯体，伸

长触须贪婪地吸吮着毛虫肚子上分

泌出来的甜汁。可是，让人奇怪的是，不一会儿，蚂蚁们便一个个地醉倒了。相反，那条毛虫这时却活了过来，趁着蚂蚁醉倒之际，把蚂蚁的幼虫和卵当成了自己的美餐。几天之后，毛虫变成了蛹，又化作蝴蝶从蚁巢里飞走了。而蚂蚁却因贪食甜汁而弄得家破人亡。

◎ 为同伴贡献自己的蚂蚁

美国的科罗拉多州有一种十分奇特的蚂蚁，名叫蜜蚁，这种蚂蚁非常喜欢有蜜源的植物。一旦遇上就必须吃到肚皮胀到最大限度为止。你可别以为它是贪吃，其实它只是在饱餐之后立即赶回蚁巢，把自己吃的胀鼓鼓的蜜汁贡献给它那些没有进食的伙伴，有时甚至还会把一肚子蜜汁全部贡献给大家，致使自己饿瘪了肚子，真可称得上是为同伴贡献了自己。

◎ 保护树木的蚂蚁

在巴西生长着一种养育蚂蚁的蚁栖树，外形像蓖麻。树干表面有许多小孔，长长的叶柄上长着宽大的树叶，每个叶径部都长有一个小蛋，小蛋是一种益蚁的重要食粮。它被益蚁吃掉后还会再长出来，从而保证不断供应益蚁的需要。此外，森林里还有一种

啮叶蚁，专吃蚁牺树的树叶，危害很大。每当这种害蚁爬上蚁牺树来啮食树叶时，益蚁便会倾巢而出，把啮叶蚁全部咬死。有了益蚁的帮助，蚁栖树才能越长越茂盛，郁郁葱葱，并发育起大片大片的树林。

动物小百科

蚂蚁妙用

防洪用蚁：蚂蚁能预报洪水。亚马逊河洪水泛滥之前，蚂蚁会四处收集情报，经过集体讨论然后作出决定，排成一个长舌形状的阵列，向安全地方转移。当地印第安人通常通过蚂蚁的这种行为来判断洪水即将淹没的范围，从而及时搬迁。

手术用蚁：南美圭亚那有一种奇特的切叶蚁，当地的印第安人可以用切叶蚁的兵蚁作外科缝合手术。他们先让切叶蚁咬合伤口，再剪去蚁身，用蚁来代替猫肠线缝合病人的伤口。

此外，美国迈阿密大学的科学家还试图研究利用波利维亚蚂蚁的蚁毒制成针剂来治风湿性关节炎。据传说，还有的地方用蚂蚁来诊断糖尿病。

种类繁多的蜘蛛

蜘蛛，又名网虫、扁蛛、园蛛。蜘蛛的种类繁多，自然界中就有近40000种。这些蜘蛛大致可分为游猎蜘蛛、结网蜘蛛及洞穴蜘蛛三种。蜘蛛多以昆虫、其他蜘蛛、多足类为食，部分蜘蛛也会以小型动物为食。蜘蛛对人类既有益又有害，但就其贡献而言，主要是益虫。它是许多农、林业害虫的天敌，在生物防治中起重要作用。此

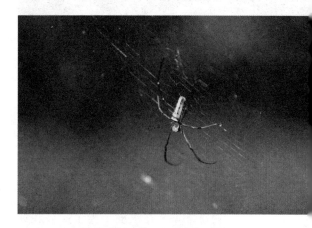

外，蜘蛛还可以入药，主治脱肛、

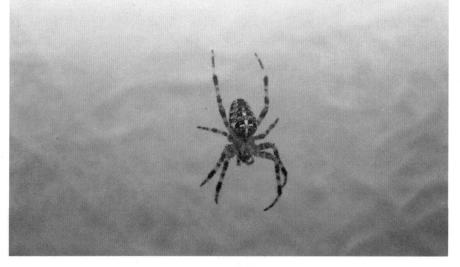

疮肿、腋臭等症。因此，保护和利

用蜘蛛具有重要的意义。

◎ 捕鱼蛛

捕鱼蛛的分布非常广泛。除了

南美洲，几乎各洲都有它的存在。它通常生活在水面，为了避敌和捕捉猎物，经常从一个立足点移到另一个立足点。人们常在池、河边发现捕鱼蛛，它用后腿抓住树叶杆，余腿和触肢轻轻拍打水面，耐心地等待猎物出现。一旦有昆虫落在水面，便很难逃出它的手掌。最有趣的要算

捕鱼蛛的捕鱼技巧，它先用触胶在水面上轻拍，以引诱周围的鱼类。等鱼上"钩"以后，它就跳上鱼背，抓到鱼后，先用两只含有毒液的螯刺入鱼体，随后把鱼拉到干燥的地方，紧接着把鱼悬挂在树枝上，最后享受鱼肉。但是，别看这种蜘蛛叫捕鱼蛛，就想当然的认为它是天天捕鱼，事实并非如此，有的捕鱼蛛甚至一生中从未捕过鱼，仅靠食虫为生。

◎ 与植物合谋吃人的蜘蛛

在美洲的亚马逊河流域，有一些森林或沼泽地带生活着一种毛蜘蛛，它们喜欢成群地生活在日轮

花附近。日轮花又香又美丽，经常容易招惹一些不明真相的人来到它

的身边。一旦人接触到它的花或者叶，很快就会被它的枝叶卷过来缠住。这时日轮花会向毛蜘蛛发出信号，通知成群的毛蜘蛛过来吃人，吃剩的骨头或肉腐烂后便成了日轮花的肥料，使它更好地生长。

◎ 水蜘蛛

　　水蜘蛛长时间逗留在水下，用肺叶呼吸，在水面行走的时候就像走平地。水蜘蛛最独特的地方是全身披有厚毛，可以带着空气泡沉到水里，然后像打气一样，将空气挤入水下的巢穴里。如此循环多次，

巢里便会充满干的空气而鼓起来，母水蜘就可以在巢里产卵过冬。

◎ 猎人蛛

　　澳大利亚境内有一种世界上最大的蜘蛛，它相貌丑陋，但是确是捕捉蚊虫的好手，因此被当地人称做"猎人蛛"。澳大利亚的蚊子非常多，而且非常猖獗，经常扰得人们睡不好觉，于是当地居民便请猎人蛛守夜。猎人蛛有八条腿，脚上的探测器能准确无误地活捉所有敢于来犯的蚊子。

 动物小百科

我国毒性较强的蜘蛛

（1）捕鸟蛛：分布在广西、云南、海南等地。

（2）红螯蛛：分布在上海、南京、北京、东北等地。

（3）穴居狼蛛：分布在新疆、陕北、河北、长春等地。

（4）赫毛长尾蛛：分布在台湾中南山地。

（5）黑寡妇蛛：分布在福建。

◎ 投掷蜘蛛

南美洲的哥伦比亚有一种蜘蛛，体内能合成某些蛾类的性外激

素。每当蛾类交尾季节，这种蜘蛛就将自己体内的蛾类性外激素放出，尤其是在有风的天气，处于下风的蛾，由于难以分辨真假，便逆风而上寻求自己的伴侣，但结果只能是葬身于蜘蛛之口。因为这种蜘蛛不会拉网，所以它并不像其他蜘蛛那样拉网捕食，而是把自己分泌的丝滚成圆球，用丝线连于自己的螯肢上。当有蛾子送上门来时，这种蜘蛛便准确地将粘丝球猛地一掷，击中飞蛾，粘球击中蛾子并粘着它之后，便将绳子收回。因为这种独特的捕食方式，人们称这种蜘蛛为"投掷蜘蛛"。

◎ 能捕鸟的蜘蛛

圭亚那有一种体重57克、长9厘米的捕鸟蜘蛛。这种蜘蛛身上长有硬毛，有 6~8 只眼睛，它昼伏夜出，在森林中织网捕捉小鸟。它织的网非常地坚固，能承受住大约300 克的重量。因此，很多小鸟经常会误触罗网而被粘在网丝上，无法逃遁而成为蜘蛛的美餐。

◎ 会唱歌的蜘蛛

美国佛罗里达大学生物学家杰尔德·爱德瓦尔斯发现了一种会唱歌的蜘蛛。这种蜘蛛的上下颌相互摩擦会发出一种特殊的声音，雄蜘蛛就是通过这种歌声寻求配偶的。

◎ 守商店的蜘蛛

伦敦有一位名叫哈斯维尔的百货商店老板，每天晚上都用两只毒蜘蛛守店。这种毒蜘蛛身上有一种致命的毒素，一旦被它刺中，轻则剧痛终日，长期不愈；重则性命不保。

◎ 编窗帘的蜘蛛

南美洲有一种会编窗帘的蜘蛛，它如同鸽蛋般大小，常常几十只聚在一起，吐出一种十分坚韧的比蚕丝还粗的彩色蛛丝，集体编织。它们编织的网呈方形，中间有八卦形状的红色或绿色图案，当地居民经常把这种蛛网挂在窗户上做美丽的窗帘。

◎ 不会结网的蜘蛛

美国西部、南美洲和欧洲南部生活着一种塔兰托毒蛛，它不会结网，而是用自己的身体同猎物搏斗。它平时只吸食流质，因此在与猎物搏斗时会射出一种强烈的毒液，使猎物身躯慢慢溶解，然后它再吮吸，这种毒蛛一天半的时间可吃光一只鼠。而且这种毒蜘蛛的耐饿力很强，即使2年不吃东西，7个月不喝水，它也不会死掉。

第四章

走进动物的情感世界

动物界的历史，也就是动物从单细胞到多细胞、从无脊椎到有脊椎、从低等到高等、从简单到复杂的过程，它包括动物的起源、分化、进化三个阶段。同人类一样，动物也是一个生命，它们也有自己的感情。事实上，动物对于情感的表达是最直接的，而且它们的情感活动也是没有任何意识的感情活动，它们只是通过肢体动作和叫声来表达自己在各个时间里的情感。

比如说动物的求偶阶段，鸟类会采用鸣叫的方式来吸引异性的注意、萤火虫会用自己发出的萤光与异性取得联系、蝇类会采用 "送礼" 的方式吸引异性、而鳄鱼和鲑鱼则采用情杀的方式来得到雌性。对于爱情，有些鸟类甚至比人类还要一往情深。天鹅是有名的 "贞节之鸟"，只要一方不幸夭折，另一方就会在爱侣的尸体边终日肃立，迟迟不忍离去。还有鸳鸯，古诗里说 "只羡鸳鸯不羡仙"，由此可见，它们甚至比一些人类对待感情还要坚贞许多。下面，就让我们一起来走进动物的感情世界。

动物求偶的表达方式

◎ 发　光

萤火虫通常用自身发出的萤光

来与异性取得联系。但这种信号往往被第三者——狼蛛非法利用，结果使得它们双双被捕，成了爱情的牺牲品。

◎ 激素诱导

这种求偶方式多见于昆虫，比如蝗虫。如果雌蝗在远处的草丛中分泌一种特殊的激素，

雄蝗头上的触角就会像电视接收天线一样，准确无误地接收到这种信号，及时飞来，和雌蝗结成伴侣。

◎ 送　礼

这种奇特而温柔的求偶方式常见于一些蝇类，雄性在求偶前先建造一个细软的和自身大小相当的丝质球，然后带球飞到蝇群中，并在那里绕圈飞行以吸引雌蝇。雌蝇相中之后，接受礼品，便和雄蝇结

成配偶一起离开蝇群，完成交配。

有些动物还用丝缕裹在所获猎物上，使其显大，起到更大的引诱作用；还有些动物把"送礼"发展为"请客"的形式，如公鸡找到食物之后，常常邀请母鸡共享美餐，其实它这样做的目的就是要和母鸡交配，有时甚至不等母鸡食完，便露出本色。

◎ 诱 骗

公鸡请母鸡共进晚餐之后行奸还算有心，更为卑劣的是，有些公鸡并没有找到食物，却假意啄食、呼唤，并不时绕圈偷看母鸡是否上钩。有些母鸡尚能识破它的卑劣伎俩，静观不动，而一些经验不足的母鸡却以为真的有美食可吃，兴冲冲奔去，结果便落入了公鸡的圈套之中。

◎ 情 杀

情杀是一种激烈的求偶方式，例如雄的鲑鱼常常整天地相互争斗；雄性鳄鱼为争夺雌体而叫嚣绕转；雄锹形虫的巨型大颚常被其他

雄虫咬伤等。还有流苏鹬，为了争

夺更是彼此拼命争斗，雌性歇在一旁观战，最后则和战胜者同去，这种方式在哺乳类中最为普遍。在激烈的争斗中，雄的还有一些特别的武器，如雄鹿的角，公鸡的距；有的还有特别的防御工具，如雄狮的鬣，雄鲑的钩形上颚等。

◎ 独　占

　　独占是情杀的续集，拿凯尔盖朗岛上的海象来说，每年的11～12月，雄海象就会到海岸搏斗，得胜者可以把别的雄性赶到边缘地带，然后独占雌性，组成"一夫多妻"制的家族。再比如猴群中的猴王，利用权势可以长期独占所有雌猴，但由于雌猴过多，难免会有不少受冷遇。

◎ 鸟类求偶的表达

　　鸣叫是在鸟类中一种经常可见到的求偶炫耀方式。例如杜鹃的晨夜鸣叫、鸣禽的宛转鸣唱、啄木鸟的击鼓之声、猫头鹰的凄惨悲鸣、夜鹰的类似机关枪射击的声音以及

榛鸡的隆隆声响等。

鸟类还有另一种类型的求偶炫耀方式，这种方式往往涉及到两

只鸟身体的某个部位的接触，如击喙、"亲吻"、抚弄羽毛、头颈交缠或彼此身体相依等。这种求偶方式在水禽及海鸟中最为常见。

具有华丽羽饰的雄鸟常常通过炫耀其漂亮的羽饰来求偶。雄金鸡求偶时常跑到雌鸡的侧前方炫耀其金黄色的颈羽；蓝极乐鸟的雄鸟求偶时将身体倒挂在一个突出的树枝上，以便更

好地显露出其漂亮的胸羽；黄腹角稚求偶时雄鸟面对着雌鸟，头部连续抖动，随之一对翠蓝色的肉角耸立头顶之上，颈下多彩的内裙徐徐展开，同时双翅快速而有节奏地煽动，口中还发出"吱吱……"的声音，其求偶炫耀的方式非常动人。

猛禽在求偶时则是和雌鸟在空中上下翻飞，互相追逐，也称为"戏飞"。鹤类的求偶则以舞蹈的方式进行。珠颈斑鸠的求偶炫耀比较复杂，在地面上时，雄鸟以雌鸟为中心，在雌鸟周围行走或原地回旋，鞠躬鸣叫；在树枝上时，雄鸟在雌鸟身旁低声鸣叫，或低头上下抖动外侧的翅，甚或两侧的翅。

动物小百科

鸟类传说中的"长相思守"

　　相思鸟是一种有情有意的鸟，它不仅是我国著名的笼养观赏鸟，而且闻名于国外，有些国家把它称为爱鸟，喜欢用精制的小笼子装上一对相思鸟，作为结婚喜事的装饰或礼品，表示恩爱吉祥。同鸳鸯的传说一样，如果一只相思鸟死去，另一只会因失偶而感到寂寞孤独，以至忧郁而死。这一传说，虽然稍有夸张，不过也说明人们对相思鸟的喜爱与崇拜，对忠贞爱情的想往和赞颂。

　　人们常说鸳鸯是一夫一妻制的表率，古语中说"只羡鸳鸯不羡仙"。相传雄者为鸳，雌者为鸯。它们一旦结为夫妻，便成为终生伴侣，永不分离。如果其中一只死了，另一只往往终身不"嫁"或不"娶"，而孤单地度过凄凉的岁月。不过，据科学工作者观察，在自然界，鸳鸯只是在交配期双双成对、形影不离。但交配以后，雄鸟就会转身而去。同时，鸳鸯也会另找新欢。配偶并非终生不变。

有益的亲情相残

动物世界里，也经常发生亲情残杀，互相吞食的现象：父母吃子

女、子女吃父母、妻子嚼食丈夫、兄弟姐妹互相残杀。

对于动物这种亲情残杀的现象，人类也许无法理解，但对于动物来说，这种亲情残杀却是必需的，对繁衍强壮的后代以及控制动物的群体数量都大有益处。

一些动物将子女生下来，哺养、操劳一生，后来老了无用了，还要尽最后一点责任——让子女们吃掉自己充饥。有一种母蜘蛛就是这种甘于奉献自己的动物的表率，它在幼蜘蛛即将孵化出世前便死去，将肉体留下供幼蜘蛛出世后解饥。

小鲨鱼在尚未出娘胎之前，兄弟姐妹之间就同室操戈。幼鲨刚开

始孵化时，雌鲨卵巢中大约有一打卵子，随着卵子孵化成有尖利牙齿

的胚胎，便开始互相攻击吞食。到了最后，一般是体格最强壮，最勇猛有力的胚胎用利齿将弱小的兄弟姐妹们统统咬成碎块，吞进自己的肚里，最后就只剩下它一个从娘肚子里生下来，这条幼鱼一生下来，就能捕食，而且对恶劣的生活对环境应付自如。

在受到敌害动物威胁时，一些食肉性鸟类，如欧鸟、乌鸦、鹳，往往会把幼鸟吃掉后才逃离窝巢，它们这样做的目的一是减少拖累，增强与敌害搏斗或逃跑的力气；二是不让敌害得到食物，让其空手而返。除了食肉性的鸟类之外，在食肉类和啮齿类的哺乳动物中，一旦危险降临就把幼仔吃掉的现象也非常普遍。

生活在树上的雌鼩鼱胸部有一个特别的腺囊，腺囊能分泌一种有特殊气味的气液，鼩鼱有时会将这种液体涂擦在幼仔身上，如果幼仔身上没有这种特殊的气味，鼩鼱便

认为这不是它的幼仔，而是一块美肉食，于是毫不犹豫地将这只幼仔吞下去。科研人员曾做过如下试验：把一只有这种特殊气味的幼鼩鼱放进另一个雌鼩鼱的窝里，结果雌鼩鼱对这只新来的幼鼩鼱爱护备至，却将没有识别气味的亲生幼仔吃掉了。

狮群中也经常出现吞食同类的现象。年轻力壮的雄狮在打败狮群中年老体弱的首领后，会将其驱除出狮群。这位新的狮群首领第一个措施便是杀死老首领留下来的年幼狮并将其吞吃掉。这有两个原因：一是老首领留下的后代体质不佳，

生存能力不强；二是使母狮断奶迅速发情，好与之交配，繁殖更强壮的后代，使后代具有更优秀的遗传基因。

说到同类相食，就不得不提到螳螂这种昆虫。公螳螂向母螳螂求欢是要以性命作代价的，交媾前，公螳螂万般小心地偷偷地从后边向

母螳螂靠近，爬爬停停，花了近1个钟头的时间才小心翼翼地溜到母

螳螂身边，鼓足勇气突然按住母螳螂的身子与之交配。正当公螳螂心醉神摇之时，母螳螂却突然回过头来一口把公螳螂的头咬下来并吃进肚里。母螳螂为什么要杀害公螳螂呢？这个问题一直使人迷惑不解，直到1990年动物行为学家才解开了这个千古之谜：母螳螂杀夫是为了刺激公螳螂精并确保精液

持续注入其体内。原来，公螳螂神经系统的抑制中心在头部，一旦公螳螂丢掉了脑袋，随之也就失去了抑制机能，没有头的公螳螂躯体内的精液就会流入母螳螂体内，确保卵子受精。母螳螂一边交配，一边从公螳螂的的头往尾部咬去，一直吃到公螳螂的腹部为止，这时，母螳螂不仅吃饱了，而且体内卵子也充分受精了，就可以产下获得丰富营养的卵子。

还有一些诸如蟋蟀，蚁狮，蚱

蜣，地甲虫之类的昆虫，也有类似母螳螂吃夫的现象，不过它们没有母螳螂那样心急，而是等到交配完毕之后才把配偶吃掉。但有一种雄性苍蝇，它非常善于耍计谋，以躲过被吃掉的劫难：雄苍蝇将一丁点食物一层又一层包裹起来，然后以食物作为新礼物奉献给它的新娘。在"新娘"一层层打开食物包的这段时间里，雄苍蝇早已交配完毕。

还有的雄苍蝇给"新娘"的礼品包里什么也没有，仅仅是用一个空茧壳去骗取欢爱，同时还可以免于遭受杀身之祸。

关于动物情感的文学作品

人们通常认为，动物的一切行为都仅仅是出于本能。要说动物有情感的话，也只是会惊恐和发怒。事实上，许多实验和观察结果表明，情况并不是像人们通常所想的那样。动物心理活动的基础是条件反射，也就是说动物机体对外界干扰具有一个本能的反应。但是，现在有许多现象已超出动物本能的范围。动物和人类一样，也是有感情的，它们也有喜怒哀乐。此外，动物和人还有着不可分开的关系，在人类世界中，也在不断发生着动物与人类的感人故事。

◎ 河狸情

在英国的爱丽斯湖畔生活着一群河狸，我们将其中一只最小的称作帕蒂，然后讲一讲它跟动物学家劳伦斯之间的一段友情。

小河狸帕蒂是个天生的游泳家，它的脑袋宽宽的，面孔大大的，后肢上长着和鸭子一样的游泳蹼，尾巴扁平宽阔，像一张能保持水平静止的舵，一眨眼，它就离开筑在湖畔的巢，钻进水里潜泳

起来。不过，它还没长出锐利的门牙，随时会受到别的动物的伤害。这一天，它从母河狸的身边偷偷溜走，跳进凉快的湖里游起水来。水里有许多透明的跳蚤，它们是虾的儿女。小河狸帕蒂还不会吃东西，但它很喜欢跟小鱼小虾玩耍，和它们比赛谁游得快。它潜下水去，先是超过了那些小跳蚤，接着又赶上一条红尾巴的小鲤鱼。但是，当它冒出水面换气时，天空中有只雄鹰俯冲下来，猛地伸出利爪，准确地向它的脑袋狠狠抓来。正在这危急的时候，母河狸在树枝堆筑的巢上尖叫一声，随即跳到水里。小河

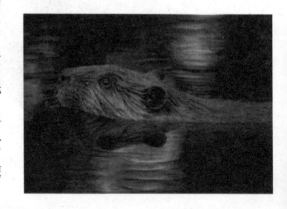

狸帕蒂一怔，猛地往下一沉，雄鹰的利爪抓了个空。但是，帕蒂慌忙得弄不清方向了，它朝着树枝巢相反的方向游去，还在湖面上弄出很大的水花。这时，母河狸只得循着水花和泡沫潜泳追踪过去。

空中的雄鹰盯着目标，盘旋着准备随时冲下来。

母河狸终于追上了小河狸帕蒂，咬住它的前肢，带着它往回游。但是，离巢穴的距离实在太远

了，别说小河狸帕蒂，就是身强力壮的母河狸，也觉得不换一口气非憋死不可。母河狸也清楚地知道，雄鹰在空中严密注视着它们母子俩，要逃脱它的利爪，就得冒险了！它从水中一跃而起，甩开小河狸帕蒂，让它能迅速换一口气。母河狸也深吸了一口气，正准备潜泳逃跑时，雄鹰已经不顾浪花的溅击，扑到湖水里，把它奋力提了出来。小河狸帕蒂看清了树枝巢的方向，也看见了母河狸在鹰爪下苦苦挣扎的惨景。它嚎叫一声，拚命向巢穴

游去。雄鹰在岩石上吃掉了母河狸，又把目光投向湖堤旁树枝堆

成的巢穴。小河狸瑟瑟发抖，一动不动地蹲在巢穴里。它又累又饿，不知如何是好。正在这时，动物学家劳伦斯循着爱丽斯湖陡峭的石岸搜索而来。突然，他在一块巨大的岩石边发现了血迹。接着，他又见到散落在附近的一团河狸毛、骨头和兽皮。兽皮上有个乳头，他断定，

这只河狸临死前还带着充满腥味的乳汁，现在它死了，它用乳汁喂养的幼兽一定在挨饿，那只小东西在哪儿呢？

劳伦斯向前寻找起来。走出没几步，他听到雄鹰发现猎物时发出的那种刺耳叫声。这只强健的雄鹰在一个河狸巢穴的上空盘旋着，它的注意力集中在湖岸上的一棵大树周围。目光敏锐的劳伦斯立即看见树根旁有一团黑色的毛绒绒的东西，像个影子似的静止不动，他知道那就是被害的母河狸的孩子。他立刻大声叫喊着，爬上停在附近的独木舟，拼命划过去。船离大树很近，但鹰还是毫不犹豫地向下俯

冲。劳伦斯再次大喊大叫，用木桨拍打船壳，响得像开机关枪。鹰终于迟疑了一下，无可奈何地飞走了。独木舟"嘭"的一声撞在树干上，劳伦斯马上看见了可怜的小河狸帕蒂。它的两只

乌黑的眼睛流露着无依无靠、惊恐万分的神情。劳伦斯慢慢地向这缩成一团的小东西走去。小河狸帕蒂一点儿也不想逃跑。这个人眼睛里充满温柔，使它想起刚失去的母河狸。当他的双手伸过来时，小河狸向前一蹬腿，马上滚到

这双大手里。就是这个人，给它起了个名字叫帕蒂。不一会儿，长着软毛的小河狸帕蒂已经舒服地贴在劳伦斯温暖的肚皮上了。劳伦斯不断用手抚摸它，说话的声音尽可能轻柔。

小家伙蜷伏着，渐渐安静下来，饥饿的嘴唇开始吮吸劳伦斯的衬衫，还轻轻地用鼻子在他身上摩擦，发出轻微的抽泣声。劳伦斯明白，小河狸把他当成失踪多时的妈妈了。他从帐篷里倒了半瓶牛奶，让它喝了个饱。

第二天，当小河狸帕蒂醒来

时，它找了一会儿妈妈，但它马上记得了劳伦斯身上的气味，并对他表示出浓厚的兴趣，从他的肚皮上爬到胸脯上，有时就在他那宽厚的

胸脯上睡觉。十天以后，小河狸帕蒂长得更壮实了，它被允许独自在不远的溪流里玩耍。只要劳伦斯呆在附近，它就会兴致勃勃没完没了地玩下去。而如果劳伦斯躲起来，小河狸帕蒂就会悲伤地小声哭着，爬出水面，漫无目的地乱找。一旦找到他，又会兴奋地抖动着身体，摇摇摆

摆跟定了他。劳伦斯是为了考察爱丽斯湖动物的种类，才来这儿的。他在湖堤上扎下帐篷，一住就是半年。没料到才来没几天，就碰上了可爱的小河狸，小河狸帕蒂完全把劳伦斯先生当成了亲人，一有空就依偎在他身边，依依呜呜地向他诉说着什么。

有一天，劳伦斯用望远镜观察着湖面，突然，他发现小河狸帕蒂的尾巴迅速扑动着，惊慌不安地向他身边游来。劳伦斯想，一定有什么东西使它受了惊吓。他一面架好枪做好射击准备，一面又举起望远镜向水里细细观察。终于，他发现，小河狸帕蒂身旁的湖水里，出

现了一只雄河狸的头部和肩部在向小帕蒂靠近。当两只河狸差不多要相互接触时，帕蒂发出了婴儿般的尖叫，头转向雄河狸，露出尖利的门牙，嘶嘶叫着威胁它。但是，雄河狸并不理会它的威胁，继续保持不即不离的位置，与它一起向前游了好几米。接着，雄河狸向前快速划了几下，靠拢小河狸帕蒂，用鼻子在它背部轻轻推了一下，又推了一下。小河狸帕蒂似乎感到了一种友谊，不再恐怖地尖叫，游泳速度

也放慢了。雄河狸不时用鼻子推推帕蒂，直到离岸二三米处，雄河狸

才返身潜入水中，游开去了。小河狸帕蒂爬到劳伦斯身边，用嘴唇嗅着他的手，又直立起来，要嗅他的脸，喉咙里发出依依呜呜的叫声，接着，又咬住他的衣服，要他赶快与自己一起钻到帐篷里去。不过，它又回头望望雄河狸消失的那片水域，显出一种难言的留恋。劳伦斯明白了，自己不能永远做小河狸帕蒂的

"母亲"，从现在起最要紧的是使帕蒂信任其他河狸，就像信任自己

一样，使它把对自己的珍爱转移给那些河狸身上。它应该属于它们那个群体。

劳伦斯给小河狸帕蒂搭建了一座小房子，并把它固定在爱丽斯湖旁边。但是，小河狸帕蒂说什么也不肯进去，它要呆在劳伦斯身边。每当劳伦斯要把它捉住塞进小房子，它就又咬又叫，眼眶里甚至盈出泪水。劳伦斯没办法，

只得拿起一条毯子，铺在小房子旁，让小河狸习惯几天，再把它送进去。不过，当小河狸帕蒂听见劳伦斯拔腿离开时，又在里面尖叫狂跳，就像一个任性的孩子一样。劳伦斯只得往返走动，直到小河狸帕蒂习惯单独呆在湖边，才真正住回帐篷。小河狸帕蒂很快就听见小房子外面经常有陌生的河狸来拜访，它们在铁丝网外用河狸的语言和它交谈，邀请它加入河狸群。

劳伦斯每天都仔细检查，常常发现帕蒂住处铁丝网围栏边上有河狸们的足迹。他在夜间也细听着河

狸们的叫声，渐渐地，他听出小河狸帕蒂不再尖叫了，它和河狸们慢慢地熟悉起来了。终于，劳伦斯决

定拆去铁丝网围栏，给小河狸帕蒂充分的自由，他相信，帕蒂越小，越有可能被其他河狸接受。不出所料，拆去围栏后，小河狸帕蒂几乎立刻成了河狸大家庭中的一员，每天晚上，它仍然要四处寻找劳伦斯，向他讨东西吃，又抓又逗地玩一会儿。劳伦斯感到无比幸福，但他总是理智地逐渐减少这种人兽交往的时间。

小河狸帕蒂很快学会了怎样和其他河狸相处，有时它还玩弄小聪明，表现出很高的智力。有一次，劳伦斯切了些苹果放在外面，请河狸们享用。好些河狸挤在盘子边抢着吃，小河狸帕蒂挤不进去，急得乱叫乱嚷，但别的河狸仍不理睬它。忽然，它转身来到水边，用覆盖着鳞片的尾巴狠狠拍打水面。这是河狸发现危险时的报警信号，通知大家立即潜水逃避。那些抢吃苹果的河狸上当了，立刻慌慌张张地跳进湖里潜逃，小河狸帕蒂却得意洋洋地爬到盘子边，捧起苹

果吃起来。劳伦斯看了，不由哈哈大笑。他对小河狸帕蒂重返河狸群的信心更足了。但是，一天夜里，劳伦斯又被小河狸帕蒂吵醒了。它

钻进帐篷，对他又叫又咬，逼着他穿起衣服往外走。黑暗中，帐篷附近像有什么动物在打架，劳伦斯打开电筒，看见那些已经熟悉的河狸。在它们对面，是几头样子很凶的水獭，显然河狸在跟水獭打架。但是，小河狸帕蒂为什么惊慌地叫醒自己呢？劳伦斯在黑暗中思考了好久。突然，他看见河狸们咬起树枝，扑通扑通跳进湖水，向脚下的堤坝游去。这时，他终于想到，是堤坝被水獭们打了洞，河狸是来让他迅速离开的。他急忙跑回建在堤坝上的帐篷里，把必需的物品搬到安全地带，小河狸帕蒂也跑进跑出，衔起一些小件物品送过去。当帐篷快搬空的时候，"轰隆"一声，堤坝倒塌了，帐篷顿时消失在打着漩涡的湖水中。

劳伦斯激动万分。他抱起小河狸帕蒂，把它当成自己的孩子，亲了起来。

◎ 第七条猎狗

云南有个芭蕉寨。芭蕉寨有位老猎人名叫召盘巴。在他四十余年闯荡山林的生涯中，前后共养过七条猎狗。前六条猎狗都不如召盘巴的意，有的被卖掉了，有的狩猎时死了。一个猎人，得不到一条称心

如意的猎狗，真是晦气极了。

三年前，召盘巴六十大寿时，曼岗哨卡的唐连长送给他一条军犬生出来的小狗作为贺礼。三年来，召盘巴精心抚养它。小狗长大了，成了一只十分威武漂亮的猎狗。这

只猎狗撵山快如风，狩猎猛如虎，深得召盘巴的宠爱。召盘巴给它起了一个响亮的名字叫：赤利，意思是傣族传说中会飞的宝刀。猎人爱好狗，召盘巴把赤利看作是自己掌上的第二颗明珠。第一颗明珠自然是他七岁的小孙子艾苏苏。召盘巴常常当着别人的面夸赤利："有了赤利，也不枉我做一辈子猎手了。就是用珍珠、黄金来换我的宝贝赤利，我也不干。"

可是，那一年泼水节的前一天，赤利却让召盘巴伤心透了。傍

晚，召盘巴背着火药枪、带着赤利，钻进大黑山狩猎，想在泼水节改善生活。在一片茂密的树村里，机警的赤利首先发现了树丛里有一头雄壮的长鬃野猪正在掘竹笋吃。野猪是森林猛兽之一，一般的单身猎人是不轻易打野猪的。但召盘巴仗着自己有四十多年的打猎经验和勇猛无比的赤利，便斗胆

端起火药枪，"轰"的一声射向野猪。可是子弹打偏了，没击中它的要害部位。受伤的野猪向召盘巴扑来。赤利在身后"汪汪"叫着，召盘巴想它一定会冲上来帮忙的。但是，他失望了，赤利没有扑上来帮忙。召盘巴费力地躲避着野猪的进攻，他来不及装上火药枪。正当野猪扑向他时，"咔嚓"一声巨响，野猪被大榕树中的缝隙卡住了，躲在榕树后面的召盘巴才得以喘口气，装上火药，对准野猪的脑袋连射三枪。野猪死了。这时赤利才窜出来向死猪

扑咬，召盘巴一阵恶心，想不到赤利如此怕死！这个无赖，召盘巴真想一枪崩了它。

今天是泼水节。清晨，召盘巴不像往年那样抱着艾苏苏，带着赤利到澜沧江边去看划龙船，放高升，跳傣家

锅，烧开满满一锅水。他把赤利拴

舞。他只是在院子里支起一口铁

在槟榔树下，手提木棍，向赤利砸去。他要打死这胆小鬼，烧狗肉吃。赤利惊慌地躲避着棍击，委屈地呜咽着。竹楼里，一个小男孩跑过来，哀求召盘巴："爷爷，别打赤利，它是我的好朋友。"艾苏苏为赤利求情。艾苏苏从小就和赤利一起玩，有一次他游泳遇了险，还是赤利救了他的命。看到爷爷非要打死赤利不可，艾苏苏伤心地哭起来。召盘巴没命地打赤利，打了一会儿就满头是汗，他怒斥道："胆小鬼，我让你尝尝火药枪的滋味"。说完转身回竹楼拿枪。艾

苏苏连忙跑过去，用小刀割断了拴

赤利的山藤，把受伤的赤利向外一推："快逃吧！"赤利后退几步，恋恋不舍地望了一眼艾苏苏，一转身飞快地向大黑山逃去。就这样，赤利成了一条野狗。它整天东游西荡，茫茫大森林成了它的家。

一天下午，赤利在澜沧江边逮到一头马鹿，正吃得高兴，身后突然窜出一群豺狗。为首的两条大公豺，想争夺赤利的食物。赤利毫不退缩，它勇敢地扑向豺狗，狠狠地咬断了两只豺狗的脖子。豺狗群

被镇住了，它们既不肯轻易走开，又不敢上前对付赤利，赤利瞪着双

眼，又扑向一条豺狗，没一会儿功夫，这群豺狗中的公豺狗都被赤利咬死了。母豺狗带着小豺狗四处逃散。赤利追逐着，渐渐地，赤利凶猛的攻击变成了亲昵的戏

弄。母豺狗不再逃窜，赤利成了这群豺狗的首领，所有的母豺狗和小豺狗都对它俯首贴耳，恭恭敬敬。赤利带着这群豺狗在森林里自由自在地生活着。但赤利并没有忘记召盘巴，它从不带豺狗群去芭蕉寨捣乱，尽管它现在没弄明白自己为什么会被主人痛打，以至沦为一只流浪的野狗。

其实，赤利受召盘巴的毒打真是冤枉。那天召盘巴正向野猪瞄准开枪时，脚步一移动，踩在草丛里三枚蛇蛋上，当时召盘巴全神贯注盯着野猪，哪料到草丛里倏地竖起一条黑褐色的眼镜蛇，血红的舌须吐出来，对准召盘巴裸露的臂膀。

说时迟那时快，赤利不顾一切地蹿

上去，一口咬住眼镜蛇的脖颈。一米多长的蛇身紧紧缠住赤利，这时它听见主人在大声呼救，但

它不能松口，它和蛇在草丛里扭打着。直到赤利把眼镜蛇的脑袋咬下来以后，才顾不得喘气跳出草丛，扑向已经死了的野猪。可惜这一切，召盘巴没看见，赤利也

无法告诉主人。召盘巴为赤利的不忠伤透了心。他卖掉火药枪，再也不狩猎了。

初秋，他闲着没事，便去帮人家照料两头黄牛，一

是散散心，二是挣两个零钱花。没过多久，两头黄牛各生下一头小牛犊，召盘巴同牛的主人一样高兴。

他晚上睡在牛棚里，白天带着牛群去吃草。一天清晨，召盘巴身背一架古老的木弩，让孙子艾苏苏骑在一头母牛背上，赶着牛群到大黑山边缘的野牛凹去放牧。那里草鲜水美，牛儿一定能吃得饱饱的。小牛犊在草地里欢奔乱跳，召盘巴坐在草地上用野花和美人蕉为艾苏苏编了一个花环。艾苏苏高兴地骑在牛背上笑着。突然，母牛惊慌地叫了一声，艾苏苏被颠下牛背。召盘巴凭着多年狩猎经验，知道母牛发现危险了。不一会儿，灌木树林里窜出一群豺狗，向牛群压来。两头小牛吓得钻进母牛腹下，母牛眼里流露出惊骇的神色。召盘巴解下木弩，取出十来支毒箭，准备对付豺狗。他知道，饥饿的豺狗比老虎更难对付，他真懊悔把火药枪卖掉了，不

然的话，火药枪的爆炸声能吓退豺

狗，还能给寨子里的乡亲报个信。现在，召盘巴只能孤身战豺狗了。他不光要保护好牛群，还要保护心爱的小孙子呀！召盘巴拉满弩弦，把一支锋利的毒箭对准豺群，他想先射带头的公豺狗。可奇怪的是，这群豺狗中除了小豺狗外，其余的都是清一色的母豺狗。豺狗群把召盘巴和牛群团团围住，其中一条半大的公豺狗想炫耀一下，首先冲上来。召盘巴轻扣扳机，"噗"的一

声，毒箭扎进它眼窝，它惨叫一声，扑腾几下中毒死了。豺狗群骚动起来，撇开牛群，向召盘巴涌来。召盘巴不慌不忙，"嗖、嗖、嗖"连发五箭，射死四条母豺狗和一条小豺狗。豺狗群死了三分之一，气势衰竭下去。但它们不肯退缩。召盘巴只剩下最后四支毒箭了，他必须设法杀开一条血路冲出去。不然箭用完了，就只好束手待毙。

召盘巴把艾苏苏背在身上，赶着母牛和牛犊向芭蕉寨跑去。

五六条豺狼拦在路上，龇牙咧嘴咆

哮着，召盘巴追上去"嗖嗖"两箭，射死两只。其它豺狗见到同伴临死前的痛苦挣扎，也都畏缩了，向路边躲藏。召盘巴趁机冲出包围圈，向寨子飞奔。可他回头一望，糟了！两头母牛和两头牛犊并没有跟着他逃出来，豺狗堵住牛群，疯狂地扑咬着。召盘巴气得七窍生烟，牛是农家宝，岂容野兽糟踏！他当了几十年猎手，打死过多少猛虎、豹

子，今天能看着豺狗把牛吞吃掉？

他怒吼一声，拉响弩箭，奔口来对准扑到母牛身上的两条豺狗"嗖嗖"两箭，艾苏苏在爷爷背上高声叫着："爷爷，打中了！打中了！"然而，召盘巴的箭囊已经空了。过了一会儿，几条不甘心失败的豺狗又聚拢过来，围住召盘巴和牛群。石盘巴拉满弦，装作瞄准的样子虚发一箭，"嗖"的一声，吓得豺狗退了回去。几次虚假的发射，豺狗又

恢复了凶像，一只大豺狗扑上来，前爪搭在召盘巴双肩上，召盘巴早有防备，一闪身，操起木弩向豺狗打去。"轰"的一声，豺狗的脑

袋被打烂了，但木弩也断成三截。召盘巴真正成了赤手空拳。豺狗被震慑了，不敢再上前，豺狗群嘶哑地嚎叫着，叫声令人毛骨悚然，艾苏苏被叫声吓哭了。随着嚎叫声，一里外半坡上响起唏里哗啦的草动声，一条黑影飞窜出来，冲到离召盘巴不远的地方，突然

站住不动了。

召盘巴仔细一看，面前站着一条高大的狗，怎么是赤利！是它，是逃跑了大半年的赤利！看到赤利，召盘巴怒火万丈，这忘恩负义的畜生，竟敢唆使豺狗来伤害主人！他恨不得有一支毒箭射穿它的心。艾苏苏也认出了赤利，他不觉惊慌，反而高兴得大叫："赤利，快咬死豺狗！快咬！"赤利朝艾苏苏轻轻摇动尾巴，身后的豺狗不耐烦地嚎叫起来。十二条豺狗分作两

路逼向召盘巴。突然，赤利瞪着豺狗，"汪汪"叫了几声，豺狗一齐畏惧而愤怒地望着赤利。赤利奔到召盘巴面前，咬住他的衣襟，把他

向豺狗群外拖。三条母豺狗嗅嗅同伙尸体的血腥味，突然发疯似地扑过来。赤利愤怒地咆哮着，想制止它们，但无济于事。赤利猛地腾空而起，用脑袋撞翻张牙舞爪的豺狗。三条母豺狗绝望地围着赤利厮咬，其余九条小豺狗也丢下召盘巴和牛群，转而扑向赤利。

赤利一下子咬死六条小豺狗和一条母豺狗，但它的两条后腿被另两只母豺狗咬住了。赤利狂叫一声，腰一挺，挣扎着对付身上的三只小豺狗。小豺狗被咬得血淋淋的逃进草丛。赤利的身上也被咬开几个口子，鲜血直流。它的后腿被母豺狗锋利的牙齿啃得露出雪白的骨头。赤利转不过身来，它汪汪叫着，希望主人赶快离开。

召盘巴一看只剩下最后两条母豺狗了，他放下艾苏苏，一口气

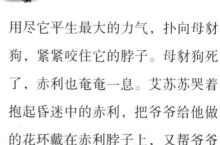

奔过去，猛地拎起一只母豺狗的后腿，狠狠砸向石头，母豺狗一命呜

用尽它平生最大的力气，扑向母豺狗，紧紧咬住它的脖子。母豺狗死了，赤利也奄奄一息。艾苏苏哭着抱起昏迷中的赤利，把爷爷给他做的花环戴在赤利脖子上，又帮爷爷一起用衫褙给赤利包扎伤口。

太阳升起，雾霭散尽，召盘巴赶着受伤的牛，领着艾苏苏，抱着昏迷的赤利，一步一步，向寨子走去。

呼。另一只母豺狗松开赤利，扑向召盘巴，一下子把召盘巴撞倒在地，母豺狗张开血口，对准他的喉管咬了下去。——就在这千钧一发之际，赤利拖着露出骨头的后腿，

◎ 豹子哈奇

在中国云南省边境有一座森林，名叫摩塔古森林。这森林里长有各种各样的蘑菇，像星星似的，到处都是。这天一早，哈尼族孩子果哈和阿爸去森林里采蘑菇。他俩走着走着，还没走到长蘑菇的地方，忽然听见远处传来什么野兽的吼声。那吼声含混而低沉，越叫越低。果哈看看阿爸。阿爸静听了一会，轻声说："脚下小心点，看看去！" 父子俩循着声音，走到一块林中旷地，只见黑魆魆地躺着两头野兽。唔，好大的个儿。左面那只好像是野猪，足有二百公斤重，离它不远处，花花斑斑的似乎是一只豹子，有牛犊大小，还在喘气

呢。地上一片狼藉，附近灌木丛枝

折叶落，草地被践踏得一塌糊涂，血迹到处都是。看来这里刚刚发生过一场生死搏斗！

两人生怕野兽还没有死绝，突然起来袭击人，只是远远站着看，好久好久都不见动静，这才一步一步挨近去。果哈头一回看见这种血腥场面，轻声问阿爸："阿爸，它们干吗打架？" 阿爸摇摇头，叫他别吭声。突然，果哈一指豹子，急促道："阿爸你看豹子没死绝，

它的眼睛还没闭上呢。"是的，豹子似乎还有一口气，每喘一口气，嘴巴里就涨出一个大血泡来。阿爸附着他耳朵说："竹子死了要开

花，老象死了要藏牙。豹子死了不闭眼。它是心里有事撂不下呀。"这句话还没说完，他们身后深草丛里"嗷"的响了一声，声音清脆稚嫩，声音像猫但又不全像。果哈跷起脚跟一步一步探过去，拨开乱草一看，呀，一只猫崽。他忙大声叫道："阿爸，一只猫崽！"阿爸

走过来一看，说："这哪是猫呢，这是一只幼豹啊。"哈，真是一只豹崽。看来出生才不久，四只小爪紧缩，像怕冷似的颤抖着，连眼睛都还没张开呢。也许，当初豹妈妈正在喂它奶，忽然一头大野猪闯了过来。豹妈妈以为它要欺侮豹崽，就和它厮拼起来。现在斗了个两败俱伤。看，它倒地的时候，头还一直向着孩子呢。果哈提议："多可怜，我们抱它回去养，好吗？"阿爸没有吭声。果哈又说：

"还小着呢，若是丢在这儿，它不饿死也会被别的野兽吃了的。"阿爸轻轻地抱起小豹子。小豹子"嗷"地又叫了一声，抖颤颤地一头

钻进阿爸的怀里。这样，父子两个就将它抱回家去了。这下，果哈可忙了。他先邀请母羊做豹崽的妈妈。他把母羊牵来，要它躺下，然后将豹崽塞在它的鼓胀的乳房下。小豹早饿急了，一个劲地找奶头。母羊闻了闻它，起先似乎有点不肯喂它，但后来见它那一股子饿相，也就任它吮起来。他找来一只竹筐，里面填上棉絮松丝，为豹崽弄了个小窝。他也没忘了给小豹取名儿。他想了好一会，决定将这头小豹命名为哈奇。

这样，小豹子一天天长大，竹筐里的小窝早装它不下了，果哈就在外边晒台上为它用稻草安了一个大窝。哈奇就成了果哈家的一员。哈奇长大以后，胃口很大，果哈家养不起它，就让它自己到山林里去猎取山鸡野兔当饭。只是它每天白天都回到自己窝里来，因为母羊早拿它当了自己的孩子，天天来看它，不见了就要"咩咩"叫。果哈更是老惦记着它，常常省下些好东西来喂它。起初，寨子里的人和牲口都怕它，后来见它不咬人畜，又

知道它是个孤儿，也就跟它好了，只是路过的陌生人，猛地见到它，总要吓得抱头鼠窜。有一天，铁匠

特章大叔家的表姐来这里做客，下午，她正串门回来，手里拿着一罐亲戚家送的蜂蜜，乐滋滋地往前走。突然，她抬头看见一头豹子安安稳稳朝她走来。她吓得尖叫一声，两腿一软瘫倒在地，手里的一罐蜂蜜"咣啷"一声，在地上砸了个粉碎。她高声大叫："救命啊！救命啊！"哈奇看见这个女人跌倒在地，又哭又叫的，还以为她是跌了一跤，就走过去，用牙齿咬住她的衣角，想拉她起来。这下，这个女人更害怕了。她叫着："快，快救命呀！老虎吃人啦！"这时，离特章大叔家已只几步路了。大叔听见叫声，还以为真的来了老虎，马上操起一根大木棒，三脚两步赶出来。哈奇一见有人举了一根大棒赶来，只当是要打这个女人，就一口轻轻咬住大叔的手腕，木棒"啪"的一声掉在地上，疼得特章大叔也尖声叫起来。果哈的阿爸也赶来了，忙将哈奇喝住，为大叔包了手。当大叔明白事情的前因后果后，还连声称赞哈奇通人性呢。

没想到，几天后的一个早晨，哈奇从山林里回来，后腿一瘸一瘸的。果哈大吃一惊，赶忙上前去

查看。啊，它的屁股上被人打了一枪，伤口上的血迹已经被它自己舔干净了。阿爸为它擦洗伤口时，从

打伤的烂肉里剜出两颗铁砂来。一般的铁砂是圆形的，唯独这铁砂是呈三角形的。阿爸说："嗯，看来，这是外寨人打的。唉，哈奇已长成了一只大豹子，再也不能让它到处乱跑了。没准儿会伤人，没准儿也会被人打死。" 到了傍晚时分，特章大叔兴冲冲取来一大把铁索，哗啦啦一声扔在晒台上，说："我看啊，果哈阿爸，趁哈奇在养伤，你们就锁着它吧。待到伤好，它也就习惯了。" 哈奇闻了闻铁索，两眼怨恨地望了大叔一眼，纵身跳到竹楼下去了。放在平日，这

原是它轻而易举的事，可在今日，它还打了一个趔趄。

果哈心里更难受，他等特章大叔一走，就求起阿爸来："阿爸，别锁哈奇，好不好？它自由惯了，锁起来会憋坏它的。往后，我每天跟着它，保护好它，一步也不离开它。"阿爸心里也不好受，便说："哈奇大了，不锁会出事呀。不过，暂时不锁，再等等吧。"果哈见阿爸答应不锁，这才高兴起来。可是，傍晚太阳快下山时，果哈从山上赶羊回家后，哈奇的脖子上已经套上了锁链。果哈一见，大声叫着"哈奇！哈奇！"三脚两步跳上竹楼去，张开双臂，一把抱住

了它。哈奇缓缓爬起身来，"哗啦啦，哗啦啦"，铁索在它的身上响着。它依偎在果哈怀里，一脸的沮丧。果哈哭着说："哈奇！哈奇！

阿爸骗了我！阿爸也骗了你！哈奇！"他的眼泪小溪一般往下流淌。哈奇呜咽着，用舌头轻轻地舔他的脸。这天夜里，阿爸为哈奇的窝填了厚厚的稻草，还为它拿来不少麂肉。可是豹子没吃。半夜里，它开始咬起铁链来，直咬得铁链哗啦哗啦直响。果哈也没心思睡。他在想，这么咬下去，它会把牙齿咬坏的。他推推阿爸阿妈，但他们好像是睡着了。哈奇一直在啃啊咬啊的，折腾了大半夜，牙齿都咬出血来了，可是铁链纹丝不动。哈奇

抬起头来，望着云彩后面的月亮，发出一声又一声凄厉的呜咽："嗷呜——嗷呜——"突然，果哈听见一种异样的声音，他霍地坐了起来。几乎同时，阿爸和阿妈也坐了起来，异口同声地问："什么声音？"他们三人起床，打开竹门一看，大家不由大吃一惊：那只将哈奇奶大的母羊，不知什么时候跳出羊栏，来到了晒台。这时，它正跪在哈奇的身旁，心疼地舔着哈奇的鼻梁和额头，还时不时帮豹子啃咬锁链。阿爸、阿妈和果哈看到这情景，十分感动，都忍不住掉下泪来。阿爸喃喃地说："我们放它，我们放它。"说罢，他手儿颤抖着，将

哈奇脖子上的铁链解了下来。

几天后，哈奇的伤好了，果哈一家人商量后，决定放哈奇回摩塔古森林，让它自由自在地生活。那里人迹罕至，不怕吓了人，也不

怕人们伤害它。何况它已长成一头真正的大豹，应该独立生活了。这天，阿爸带足了干粮，背了杆铜炮枪，领了哈奇往密林里钻。他们走了八天，哈奇一直跟在后面欢蹦乱跳的，非常高兴。一次，一只野兔哧溜一下从草丛里窜出来，哈奇一见，腾的一下追了上去。这只兔子好狡猾，跑一截路就拐个弯，闹得哈奇性起，越追越远。阿爸见机不可失，忙不迭一个转身就跑。他想，离家跑了这么远，哈奇又能自

己谋生，就借这个机会甩了它吧。哈奇抓住了野兔叼着回来，阿爸的身影早不见了。它闻闻四周的气味，竟闻不到阿爸的味儿。原来，阿爸是个老猎人，懂得这个诀窍，他是顺着风走的路。阿爸回到家里，心里很高兴，对阿妈和果哈说："我总算把哈奇送走啦，但愿它能好好过日子。"他累坏了，一睡三天三夜，才算恢复了过来。可是就在第三天的夜里，竹门在"托托"响。阿爸打开门，不由"啊"的一声。门前站着的竟是哈奇。哈奇看到阿爸，全身颤抖了一下，伸长脖子，一嘴咬住了他的裤脚，"呜——"一声呜咽起来。在皎洁

的月光下，阿爸看得清清楚楚，

哈奇的眼睛闪着亮晶晶的水珠，难道，这就是哈奇的眼泪？这时，果哈也赶了出来，只听得"咕咚"一声，哈奇竟昏倒在地。原来，哈奇这四天里一直饿着肚子在寻找它从小长大的的竹楼。它这是饿昏的。

果哈满含着眼泪，央求着："阿爸，阿妈，就让哈奇住在这里吧！"是的，全家的人都被感动了。大家打消了送走哈奇的念头，决心拿它当家里人一样看待。这样一来，一家人就定了心，于是，大家真像是过节一般高兴。但是，要

把哈奇长期养在家里，毕竟是有危险的。果哈是个孩子，考虑不到那么周详长远，可做阿爸的总得往远处想，万一有个三长两短，伤了人，拿什么赔？而送到森林里去，它又不愿意。阿爸正感到为难，一天，特章大叔大声嚷嚷着上竹楼来："果哈他阿爸，有好消息了，快来看！"他手里拿着一张报纸，报上登着一则新闻，还配了一张照片。说有一个农民捉住了一头小熊猫，将它献给了国家动物园，动物园发了一大笔奖金给他，照片里拍的小熊猫正在吃竹子，模样儿十分可爱。阿爸悟出了特章大叔的意思，说："特章大叔，你的意思是让我将哈奇送动物园？"特章大叔

嘀嘀笑着，说："是呀，是呀，让哈奇上动物园去吧。它在那里吃喝

不用愁，又没人会伤害它。再说，如果你们想它了，也可到省城去看望它。"正说着，哈奇过来了，它伏在他们的身边。特章大叔斜着眼睛看它几眼，又讲了几个动物园里有趣的故事。果哈被他说动了心，就说："阿爸，如果真是这样，哈奇倒是可以去的。"阿爸一手抚摩着哈奇的毛，想了一阵，似乎有些不放心。但他一时真也想不出更

好的办法来。这天夜里，一家人围坐在竹楼上，特章大叔也特地赶来了。大家要果哈执笔写一封信给省动物园，说将哈奇送给他们，他们不想登报，也不要奖金，只要为哈奇找到一处安身的地方，能过上好日子就行。

第二天，阿妈托寨上一位大娘，把信捎到区上去寄了。没想到，才过了一个多星期，动物园的车子就开来了。这天，一辆大卡车"呼"的开进了寨子，车上装着一只铁笼子。马上，整个寨子开了锅似的，人们将车子围了个水泄不通，伸长脖子，踮起脚，全来看哈奇。只见驾驶室的门一开，跳下两个身穿制服的中年人。他们自我介绍：高个儿姓张，矮个儿姓刘。矮

个刘在果哈家的竹楼下一站，从

口袋里掏出张印有大红公章的介绍信，问："请问，哪家是果哈家？"阿爸上前说："我是果哈的阿爸。""你好。我代表圆通山动物园的全体同志向你们一家表示感谢。我们是专程来接豹子的。省里还要召开万人大会表彰你们一家呢。""嗬——"围观的乡亲们全欢呼起来。可是阿爸的神色不好，只

是慢腾腾地说："表彰会什么的不用开了，我只盼哈奇能过上个好日子，别让它受委屈。这样，我们也就放心了。"

果哈原是挺愿意让哈奇上动物园去的，可一旦事到临头，他也难过起来。接下来，大伙在商量着如何让哈奇进铁笼子。如果哈奇不乐意，大伙倒真拿它没办法。最后，还是高个张想了个办法："大家先将铁笼装扮起来，打扮成一间竹楼，以后嘛，由你们家里人领它进去，再找个机会自己出来。只要一按外面的开关，那铁门自动会落下来的。大家看如何？"大家觉

得，没有比这更稳妥的办法了。大伙就将铁笼盖上了稻草，装扮了一番。到傍晚时，好客的特章大叔拉了这一高一矮两位稀客上他家吃饭去了。晒台上，只剩下哈奇和果哈两个。因为引哈奇进铁笼子，只有果哈最合适。这个时间是大家特地留给果哈的。哈奇目不转睛地在打量这间新造的"竹楼"。它似乎纳闷：这是个什么玩艺？果哈抚摩着它，骗它说："哈奇，别怕。雨季快到了，这

是阿爸怕你淋雨，为你新造的小竹楼。"哈奇专心地听着他讲话，神情是那么的友爱和忠诚，直憋得果哈的谎再也撒不下去。然而，不诱它进去，车子明天就开不成呀。果哈叹了一口气，硬起心肠说："来，哈奇，我们进新竹楼看看

去！"哈奇乖乖儿站了起来，跟在他后面。他俩爬上去，钻进了铁笼。豹子似乎闻到了铁味儿，它犹豫了一下，但是看见果哈在招呼它，也就踏了进去。果哈趁哈奇还未转过身来，只一跳，就跳出了笼门，一按开关，"哗"的一下，铁门倏的落了下来。他跌跌冲冲地跳了下来，双手捂住脸跑了。他心里又是歉疚又是惭愧，深悔自己欺骗了忠实的朋友。他痛苦极了，真恨不得自己一头撞在树上。这时，身后传来了哈奇揪人心肺的哀叫："嗷呜——嗷呜——"这一夜，果哈没有回家，他是在寨子尽头一

个老爷子家过的夜。他不吃不喝不

睡，双手老捂着脸，哈奇的影子一直在他的眼前晃来晃去。这一夜，阿爸和阿妈也没回家，不知上哪儿去了。他们的心里也难过呀。 只有它的母羊妈妈伴着哈奇。哈奇的哀叫声使它又是怜悯，又是愤怒。它隔着铁条栅栏怜爱地舔哈奇的额头和鼻梁，又帮助它啃咬那可恶的铁栅栏。

第二天一早，笼子被拖上了卡车。特章大叔拿出吃奶的力气，总算拖开了那头母羊妈妈。全寨子的人都来为哈奇送行，唯独果哈家的人却不见一个。卡车就在这样的气

氛下，扬起尘土开走了。这时，寨外的一处小山坡上，果哈一家人正默默地站着，看见卡车开过山脚，果哈不由流下了眼泪。这天的傍晚，载着哈奇的卡车，经过了一天的颠簸，终于在一家小客店前停了下来，高个张和矮个刘走了进去。又过了半个小时，果哈也搭了辆过路车悄悄来到这里。因为他突然间觉得这两个人不能相信，说话做事似乎掺了假。他就瞒着阿爸阿妈，偷偷跟了来。这两个家伙果真不是好人。原来，那天矮个刘在区里走亲戚，正巧遇上了一个哈尼族大娘在打听邮局往哪儿走。他一问，原来是这么一回事，就假冒自己是邮

局职工,将这封信骗走了。他回到省城和汽车司机高个张商量了一番,决定将这只豹子骗到手。他们先用肥皂刻了一枚动物园的图章,又用白漆在车门上写上"动物园"字样,就

兴冲冲来了。这阵,他们想将这只豹子卖给一家马戏团,准备捞个万把块钱。以上这番话,是矮个刘和高个张在喝醉酒时吐露出来的,没料到,全被躲在窗外的果哈听到了。果哈越听越生气,决定当机立

断,放了哈奇。这两个坏蛋,不一会已醉得像死狗一般趴在桌上。果哈就蹑手蹑脚进去,从高个张裤腰里解下一大串钥匙来。他又偷偷摸上卡车,一把又一把钥匙地对那把锁。哈奇见来了亲人,马上挨过来"呜呜"直叫。终于,"咔嚓"一下,大铁锁打开了。果哈下死劲打开了铁笼门。门才一开,哈奇欢叫一声,"噌"地从笼子里窜出来,跳下卡车,在地上骨碌打了一个滚。果哈稍稍抱了它一阵,连忙朝它直摆手:"快,快跑!回家去!"哈奇恋恋不舍地在朋友身边绕了几圈,然后,一纵两跳,就

消失在巨伞般的榕树后了。果哈正乐滋滋地看着，不料，突然一双大手掐住了他的脖子。

"你干的好事，我掐死你！"，这是高个张的声音，不知什么时候，他醒了过来。果哈挣扎着："你干什么？"他只觉得一阵胸堵气闷，两眼发黑，"咕咚"一声倒在地上了。蓦地，"哇"的一声惨叫，高个张扑倒在地。原来哈奇又从树后回来了，它一下子咬住了高个张的后颈，将他拖倒在地。高个张大叫着："救命！救命！豹子吃人了！"这一叫，使果哈醒了过来。他趁高个张手捂伤口，忙不迭钻入森林，回家去了。第二天，果哈的阿爸一早起来，轻轻推开竹门。他一夜没睡。这会，他揉揉干涩的双眼，叹了口气，走出门来一看，不由惊叫

一声："哈奇——"阿妈也闻声赶来。竹楼下的泥地上，留着新鲜的豹子脚印，肯定哈奇是回来过了。看来，它已逃出了铁笼，向果哈全家来告别的。那么，它为什么不进来？不叫门？突然，"咩——咩——"一阵悲凉的羊叫，使果哈的阿爸阿妈仿佛从梦境中清醒过来。他们寻到野外，只见哈奇的母羊妈妈像一座雕像似的，正一动不动站在一块高高的岩石上，遥望着莽莽苍苍的摩塔古森林。

但愿从此以后，哈奇真的找到它幸福的生活！